천연재료로 손쉽게 하는 나만의

스킨케어

YOGHURT FRUITS YASAI DE TSUKURU 10 YEN SKIN CARE

ⓒ MAMI SATO 2003

Originally published in Japan in 2003 by SHUFU-TO-SEIKATSUSHA CO., LTD.

Korean translation rights arranged through TOHAN CORPORATION, TOKYO.,

and SHIN WON AGENCY, SEOUL.

국립중앙도서관 출판시도서목록(CIP)

(천연재료로 손쉽게 하는) 나만의 스킨케어 /
사토우 마미 지음 ; 신정현 옮김. -- 서울 : 삼호미디어, 2005
    p. ;   cm

ISBN 89-7849-301-7 13590 : ₩10000

593.2-KDC4
646.726-DDC21   CIP2005000118

천연재료로 손쉽게 하는 나만의 스킨케어

사토우 마미 지음 | 신정현 옮김

삼호미디어
samho MEDIA

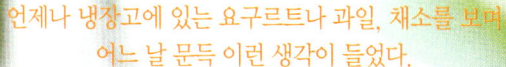

언제나 냉장고에 있는 요구르트나 과일, 채소를 보며
어느 날 문득 이런 생각이 들었다.

"먹기만 하기에는 조금 아까운 걸!"

피부에 탁월한 효과가 있다고 알려진 요구르트나 과일,

채소를 매일매일 열심히 챙겨 드시지는 않으세요?

요구르트에 포함되어 있는 유산이나 단백질, 과일에 포함되어 있는 과일산,

그리고 채소에 듬뿍 들어있는 비타민 등은

피부를 깨끗하고 부드럽게 만들어주는 효과가 있어 여성들에게 인기가 많습니다.

그렇다면 먹어서 피부를 깨끗하게 할뿐만 아니라,

피부에 직접 바르는 스킨케어로 활용하면 어떨까요?

요구르트를 사용하여 직접 만든 마스크나 과일을 주성분으로 한 화장품도

요즘 많은 인기를 모으고 있습니다. 뛰어난 효과를 볼 수 있는 나만의 스킨케어~

자! 여러분들도 냉장고를 열고 한 번 시삭해 보시지 않겠어요?

차례

피부의 보습정도가 놀랄만큼 향상된다
스킨케어에서 사용하는 과일 · 채소 · 기타 재료의 효과 및 효용 가이드
반드시 읽어주시기 바랍니다! 만들 때 또는 사용상 주의사항

INTRO

요구르트 · 과일 · 채소로
자연 미인이 되는 홈 에스테틱

PART 1

과도한 피지를 제거하고 모공을 좁혀주는 레시피

PART 2
피부손상은 이제 그만! 안티 에이징 레시피

PART 3
촉촉하고 윤기 있는 피부를 위한 레시피

차례

PART 4
목욕하는 시간이 즐거워지는 레시피

PART 5
집에서 하는 스킨케어를 더욱 즐겁게!

피부의 보습정도가 놀랄만큼 향상된다

사토우 마미(佐藤眞美) | 1962년 생. 손수 만드는 스킨케어 연구실을 운영 중이다. 아름다운 피부를 지키기 위해서는 목숨도 아깝지 않을(?) 정도의 피부 매니아로 이전에는 FM 라디오의 DJ였다. 자신 스스로의 체험과 폭넓은 지식을 살려서 노화와 미용을 테마로 하여 연구회나 여성잡지 등에서 활발히 활동 중이다.

천연재료들을 피부미용에 이용해 온 선인들의 지혜를 다시 본받아야!

"성분이 피부의 XX유전자에 영향을 미쳐 피부의 노화속도를 늦추고...", "X성분에는 스트레스로 인해 피부 안쪽에서 생기는 Y의 파괴를 막아주는 작용이 있으며..." 등등 최근 첨단기술을 바탕으로 한 미용정보들은 정말 어렵다. 코스메틱이라는 피부미용 분야에서 나름대로 자부심을 갖고 있는 나 자신도 고개를 갸우뚱거리릴 때가 종종 있다. 그런데 이보다 내 자신을 더욱 지치게 하는 것이 하나 더 있다. 바로 건조피부다. 원래 건조라는 말과는 전혀 무관한 지성피부였는데 복용하고 있는 약의 부작용 때문인지 피부결이 완전히 바뀌었다. 이로 인해 지금까지 사용하고 있던 화장품이나 세안제 등도 맞지 않게 되어 입 주변을 중심으로 피부가 푸석푸석해졌다. 그렇게 수시로 사용해야 했던 기름종이조차도 하루에 한번정도 사용할까 말까하는 정도가 되었다. 이런 때에 내가 사용해본 것들이 바로 이 책에 나오는 다양한 과일·채소·요구르트 등의 천연재료를 이용한 클렌징이나 마스크였다. 처음에는 솔직히 말해서 '이런 간단한 것으로 건조한 피부를 고칠 수 있을 리가 없겠지' 하는 마음이었다. 그러나 어차피 돈이 드는 것도 아니니 기대하지 말고 어디 한번 해보기로 마음먹있다. 그런네 결과는 '효과가 있다'였다. '이렇게 좋은 미용새료들이 주변에 굴러나니고 있는데 그것들을 이용하지 않고 방치해 두다니! 난 정말 바보였군!' 이란 생각이 들 정도였다.

우선 피부의 보습량이 놀랄 정도로 높아졌다. 그것도 '그런 느낌이 든다' 라는 느낌이 아니라 집에 있는 '모이스처 측정기계'로 수치를 측정했더니 '우와~' 하고 나 자신도 모르게 감탄사가 나올 정도였다. 그리고 푸석했던 피부가 부드러운 피부로 바뀌었다. 그래서 지금도 계속 하고 있다. 요즘에 쌀 엑기스 등 피부자체에 수분보습력을 만들어주는 물질이 있다고 해서 화제가 되고 있지만, 나는 요구르트·과일·채소 가운데에도 그런 물질이 들어있는 것은 아닐까 하고 추측해 본다. 예전부터 전해지는 레시피들에는 확실히 근거가 있었던 것이다. 그러한 근거들도 이 책에 소개하고 있으므로 참고하기 바란다. 단, 좋다고 해서 너무 많이 하는 것은 역시 좋지 않다. 매일 매일 하는 것은 아무래도 피부에 부담감을 주게 된다. 어떤 것이든 하루에 한 가지 마사지를 했으면 이틀간은 평상시에 하는 클렌징만 해준다거나 피부를 쉬게 하는 것이 중요하다. 또한 그때그때의 피부상태나 얼굴, 등, 가슴 윗부분 등에 여러 가지 레시피를 사용해 보는 것도 권한다. 반드시 몇 가지는 '마음에 드는 레시피'가 될 것이다.

스킨케어에서 사용하는 과일·채소·기타 재료의 효과 및 효용 가이드

Apple
사과

사과에 들어있는 말릭산은 다른 산에 비해 순한 효과가 있으며, 피부에 축적되어 있는 노폐물이나 각질을 부드럽게 제거해준다. 따라서 피부가 민감한 사람도 토너나 아스트린젠트로 안심하고 사용할 수 있다.

Lemon
레몬

레몬즙은 감귤류 과일 중에서도 수렴 효과가 가장 높고, 토너로서 효능이 뛰어나다. 또한 비타민 B3를 포함해 피부를 박테리아 등의 균으로부터 보호하는 살균작용도 한다. 단, 양이 많을 경우에는 자극이 강하기 때문에 대량으로 사용하는 것은 피해야 한다.

Strawberry
딸기

딸기에 들어있는 천연 살리실산에는 피부 노폐물이나 오래된 각질을 효과적으로 제거하는 작용이 있다. 단, 민감한 피부인 분들은 빨갛게 되는 경우가 있으므로 반드시 팔 안쪽에 테스트를 해보고 사용하도록 한다.

Melon
메론

메론 과즙은 피부의 열을 진정시켜주며 수분을 공급해주는 작용을 한다. 이 때문에 가벼운 화상이나 햇볕에 그을린 피부의 열을 차갑게 하는 데에 효과적이다. 또한 독성분을 제거하는 작용이 있다.

Orange
오렌지

오렌지 과즙에 들어있는 쿠엔산은 매우 부드러워 발랐을 때 자극이 거의 없는 것이 특징이다. 비타민 C 이외에도 칼슘, 칼륨, 인 등을 풍부하게 가지고 있으며, 비타민 C는 피지를 분해하는 작용도 한다.

Papaya
파파야

덜익은 파파야에는 파파인이라고 불리는 단백질 분해효소가 풍부하게 들어있어, 단백질을 부드럽게 벗겨내는 작용을 한다. 미용 효과가 높은 과일 중의 하나로, 피부의 노폐물이나 오래된 각질을 분해하고 제거하여 피부의 재생을 촉진하는 작용을 한다.

Pineapple
파인애플

브로멜라인이라고 불리는 단백질 분해효소 이외에도 쿠엔산이나 말릭산도 포함하고 있어 자연의 필링제로서 굉장히 효과적이다. 이 때문에 피부가 민감한 사람은 일시적으로 피부가 빨갛게 되는 경우도 있지만 알레르기는 잘 일으키지 않는다.

Mango
망고

유산이 들어있어 피부의 노폐물을 부드럽게 제거해주고, 보습력이 좋아 피부에 수분을 공급해 준다. 단, 두드러기나 알레르기를 일으킬 수 있으므로 사용 전에는 반드시 팔 안쪽에 테스트를 하도록 한다.

Banana
바나나

바나나는 과일 중에서도 영양분이 가장 풍부하고 비타민 A, B, E도 많이 들어있다. 이 때문에 바르기만 해두 건조한 피부에 촉촉함과 영양을 공급해준다.

Apricot
살구

말릭산과 쿠엔산 등이 불필요한 각질을 제거하고 잡티를 없애주어 피부 톤을 한결 밝아지게 해주는 작용을 한다.

Peach
복숭아

빨갛게 된 피부 등을 진정시켜 염증을 가라앉히는 작용을 하기 때문에 여드름이나 부스럼 등의 염증에도 효과적이며 보습 효과도 높다.

Cucumber
오이

염증을 막아주는 작용이 있어 부스럼이나 빨갛게 된 피부를 진정시키는 효과가 있다. 또한 모공을 막고 있는 노폐물을 제거해 줌으로써 지성피부 개선에 효과적이다.

Tomato
토마토

비타민 A, B, C 등이 풍부하고 칼륨과 마그네슘, 게다가 항산화물질인 리코핀도 들어있다. 또한 의외로 산이 강해서 필링 효과와 클렌징 효과가 강하고 뛰어난 것이 특징이다. 단, 많이 사용하지 않도록 주의한다.

Carrot
당근

피부를 활성화 시켜주는 미네랄과 비타민이 풍부하게 들어있어 바르기만 해도 건조한 피부에 촉촉함을 가져다준다.

Potato
감자

양배추, 오이 등과 마찬가지로 소염작용을 하고 직접 눈 위에 올려놓아도 눈의 피로를 풀어준다. 기미를 줄여주는 효과도 있다.

Avocado
아보카도

비타민 A를 비롯해 많은 종류의 미네랄과 아미노산이 들어있어 영양가가 대단히 높은 채소이다. 바르기만 해도 피부가 촉촉해져 수분공급에 있어서는 가장 뛰어나다.

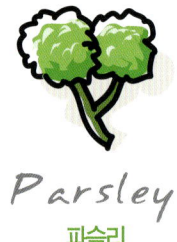

Parsley
파슬리

엽록소인 클로로필이 많이 들어있어 입에 머금으면 구취를 방지해줄 뿐만 아니라 피부를 조여주는 탄력 효과도 있다. 또한 비타민 A, B, C와 철분도 많이 들어있어 바르면 피부에 많은 영양을 공급해 줄 수 있다.

Cabbage
양배추

오이처럼 염증을 막아주는 작용이 뛰어나고, 빨갛게 부어오른 여드름을 가라앉혀 주며 상처 등의 재생을 촉진시키는 작용을 한다. 또한 양배추에 들어있는 산이나 미네랄은 클렌징 효과도 뛰어나 모공의 노폐물을 깨끗이 제거해준다.

Egg
달걀

달걀노른자는 영양분을 풍부하게 가지고 있으며, 피부를 촉
촉하고 부드럽게 하는 작용이 있다. 달걀흰자는 점착력이 강
하기 때문에 피부 속 깊은 곳의 노폐물을 제거하거나 다른
재료들을 얼굴에 고르게 잘 발라지게 하는 역할을 한다.

Honey
벌꿀

평상시에는 보습성분을 더해주지만 살균작용도 한다. 또한
마지막 감촉에 점도를 주어 접착제와 같은 역할도 해준다.

Oats
오트밀

메마르고 건조해져서 손이 자주 가는 피부를 진정시켜줄 뿐
만 아니라 가벼운 필링 효과도 있다. 또한 마스크의 기본이
되고 페이스트(반죽) 상태로 만들 때도 사용된다.

Milk
우유

피부의 pH(산도) 밸런스를 조절해주고 유산에 의한 자연스
러운 클렌징 효과를 기대할 수 있다. 또한 보습 효과도 있다.

Yogurt
플레인 요구르트

보습·미백·클렌징 효과가 있어 다른 재료들과 섞어주면
기본바탕이 되는 크림과 같은 작용을 한다. 자극이 없으므로
얼굴뿐만 아니라 몸 전체에 손쉽게 사용할 수 있는 다양한
기능을 가진 재료이다.

Apple vinegar
사과식초

토너 역할뿐만 아니라 피부의 혈액순환을 좋게 하고 pH 밸런스를 조절해준다. 이 때문에 샴푸 후의 린스제로도 사용할 수 있다. 또한 박테리아가 번식하는 것을 막는 작용이나 피부에 붙어있는 여분의 피지를 분해하는 작용도 한다.

Hazel
헤이즐 워터

하마멜리스의 가지나 잎에서 추출된 엑기스를 사용한 로션으로 산뜻한 사용감 때문에 오래 전부터 많이 사용되고 있는 화장수이다. 다른 재료들과 섞으면 효과를 증진시킬 수 있다.

Aloe
알로에

잎의 과육과 잎 부분에서 채취된 즙에는 보습 · 진정 · 해독 · 살균작용이 있다.

Wheatgerm
맥아(소맥배아)

비타민 E가 풍부하게 들어있을 뿐만 아니라 스크럽 효과도 뛰어나다. 피부에 잘 맞고 피부의 노폐물을 깨끗하게 제거하는 자연 스크럽제로서는 최고라고 말할 수 있다.

Almond
아몬드

비타민 A, B를 비롯하여 올레인산이나 리놀산 등 아름다운 피부를 위해서라면 빼놓을 수 없는 불포화지방산을 많이 포함하고 있다. 클렌징으로서는 노폐물을 제거하면서도 영양분을 공급해주는 뛰어난 재료이다.

Baking soda
베이킹 소다

흡착력이 좋아 모공을 막고 있는 노폐물이나 피지를 제거하는 데에 뛰어난 기능을 발휘한다. 또한 환경 친화적인 클리너로서도 많은 주목을 받고 있다.

반드시 읽어주시기 바랍니다!
만들 때 또는 사용상 주의사항

- 피부 트러블을 피하기 위해서는 사용 전에 반드시 사용가능 여부를 조사하는 패치 테스트를 하기 바란다. 만든 마스크 내용물을 일회용 밴드 등에 조금 묻혀서 양쪽 팔 안쪽에 붙인다. 48시간이 경과하여도 아무런 이상이 없으면 사용해도 좋다.

- 시트러스(citrus) 계통의 산이 들어있는 감귤류의 과일(레몬, 오렌지, 자몽 등)은 빛을 받으면 얼룩을 만드는 경우가 있다. 아침이나 자외선을 받게 될 때에는 절대로 사용해서는 안된다.

- 필링 효과가 있는 마스크는 너무 자주 하면 피부에 부담이 될 수 있다. 필링을 한번 하면 이틀 정도는 쉬는 것을 원칙으로 한다.

- 만든 후 오랫동안 두면 성분이 변할 수도 있으므로 사용하기 전에 만들도록 한다. 대부분의 것들이 보관이 불가능하므로 1회분 정도 만들어서 사용한다.

- 마스크를 만들어 얼굴 등에 사용한 후 씻어낼 때는 마스크 내용물이 남아 있지 않도록 깨끗이 씻도록 한다. 특히 귀와 머리카락의 경계 부분을 잘 씻어낸다.

- 시중의 화장품과 함께 사용할 경우에는 같은 작용을 하는 제품과 중복하여 사용하지 않는다.

- 레시피에 표시하고 있는 재료의 양은 표준치이다. 따라서 좋아하는 재료나 사용 부위에 따라 양을 조절한다.

- 욕실에서 사용할 때는 과일이나 재소 등의 씨꺼기가 배수구에 막히기 쉬우므로 청소를 잘해야 한다.

오트밀 · 우유 · 벌꿀 클렌징

플레인 요구르트 마사지

사과식초로 헹구기

사과 토너

오이 · 우유 · 벌꿀 마스크

레몬 · 요구르트 마스크

INTRO

요구르트·과일·채소로
자연 미인이 되는 홈 에스테틱

아름답고 하얀 팽팽한 피부는 모든 여성들의 소망이다.

이제 요구르트나 과일, 채소를 이용하여 마음먹은 대로 피부를 가꿀 수 있는 홈 에스테틱을 소개한다.

소량의 재료만으로도 충분하므로 맛있게 먹고 남은 것들을 활용하자.

매일매일 하면 피부의 감촉이 좋아지는 것을 확실히 느끼게 될 것이다.

천연재료를 이용한 홈 에스테틱은
이런 점이 좋다!

1 화장품 업계에서도 관심이 커진 과일·채소가 중심!

옛날부터 "과일이나 채소를 잘 먹으면 피부가 예뻐진다"고 했다. 요즘 비타민의 미용 효과가 미용업계에서 재인식되는 등 과일과 채소의 성분들이 화장품의 인기 재료로 각광받고 있다. 자연에서 나오는 천연재료이므로 사람 몸에도 잘 맞고, 향기는 정신까지 맑게 해주는 효과가 있다.

2 요구르트는 마스크의 기초재료로 인기 만점!!

'집에서 손수 만드는 요구르트' 붐을 시작으로 건강과 미용에 있어서 요구르트의 효과는 폭넓게 알려져 있다. 요구르트가 몸에 좋은 것은 물론이고 얼굴이나 피부에 바르면 보습 효과나 미백 효과가 뛰어나다. 과즙이나 채소즙과도 잘 섞이기 때문에 마스크 등의 기초재료로 많이 이용되며 피부에도 잘 맞아 마음놓고 사용할 수 있다.

3 초간단 초스피드! 잘 섞어주기만 하면 OK!

손수 만들어야 한다면 반사적으로 "아~귀찮아!"라고 생각하기 쉽다. 그러나 이 책에서 소개하는 레시피는 대부분 너무 간단하다. 거의 모든 레시피가 피부에 좋은 과즙이나 채소즙을 요구르트나 오트밀 등에 섞기만 하면 완성된다. 믹서나 스퀴저(과즙을 내는 도구) 등의 도구가 있으면 훨씬 간단하지만 없어도 만들 수 있다.

4 재료비는 1회분이 500원 정도!

스킨케어는 한 두 번에 끝내는 것이 아니라 계속해야 효과를 볼 수 있다. 따라서 재료에 돈이 많이 들어가면 곤란하다. 이 책에서 소개하는 레시피들의 재료비를 1회분으로 계산해 보면 대부분이 500원 정도다. 그리고 소량으로도 충분히 만들 수 있어 먹고 남은 것들을 잘 활용해도 된다. 구하기 힘든 재료는 가능한 피하고, 손쉽게 구할 수 있는 재료를 사용한다.

5 단기집중 스킨케어로 피부 고민을 말끔히 씻어버린다!

아침저녁으로 하는 스킨케어를 매일 매일 하는 것도 좋지만, 단기간 동안 집중적으로 관리해도 갑작스런 피부 트러블 등에 즉각적인 효과를 기대할 수 있다. 목적에 맞는 딥 클렌징이나 마스크 등은 평상시의 관리와 함께 특별 관리에 도움이 된다. 여드름 관리나 햇볕에 탄 피부를 진정시키는 등 목적에 알맞게 만들 수도 있다.

매일 하고 싶어지는 데일리 코스!

이 책에 소개된 홈 에스테틱은 매일매일 해도 피부에 부담을 주지 않는다. 잠자리에 들기 전 이
코스를 기본으로 자신의 목적에 맞추어 과일이나 채소를 사용한 스페셜 레시피를 만들어 보자.

Step 1
오트밀 · 우유 · 벌꿀 클렌징
클렌징은 메이크업을 확실하게 지워주고 피부에 자극이 없어
몸 전체에도 사용할 수 있다.

Step 2
플레인 요구르트 마사지
클렌징 후 마사지를 하면 피부가 한층 더 부드러워진다.

Step 3
사과식초로 헹구기
상쾌하게 피부를 헹구는 기분! 산뜻하고 매끈한 피부로 만들어준다.

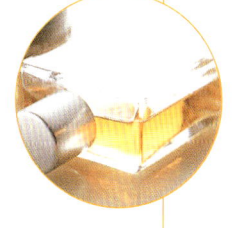

Step 4
사과 토너
화장수 대신 사용하면 부드러운 필링 효과를 볼 수 있다.

Step 5
오이 · 우유 · 벌꿀 마스크
모공을 막고 있는 노폐물을 제거하고 피부를
진정시켜 준다. 보습 효과도 탁월하다.

Special (3일에 한 번)
레몬 · 요구르트 마스크
각질제거, 모공축소, 살균, 보습,
미백 효과가 있다.

> '피부 고민' 이나 '갖고 싶은
> 피부' 에 맞게 선택한다!
>
> **목적별 과일 · 채소**
>
> • 여드름 때문에 고민인 경우
> 　사과, 파인애플
> • 햇볕에 타서 손상된 피부
> 　오이, 알로에, 메론
> • 깨끗하고 하얀 피부를 원할 경우
> 　레몬, 오렌지, 딸기, 양배추
> • 잡티, 거친 피부가 신경 쓰일 경우
> 　사과, 파파야, 파인애플
> • 건성 피부를 개선하고 싶은 경우
> 　아보카도, 바나나, 복숭아

메이크업을 깨끗하게 지워주고 세안 후에도 촉촉한 피부를 지켜주는

오트밀 · 우유 · 벌꿀 클렌징
Oats Milk Honey

건강식으로 잘 알려진 오트밀은 가벼운 스크럽 효과가 있으며, 우유에 들어있는 유산은 피부 표면에
남아있는 단백질을 부드럽게 제거해준다. 게다가 벌꿀은 보습 및 살균작용을 하여 피부를 부드럽게 해주면서
세안 후 촉촉한 피부를 느낄 수 있게 해주는 클렌징이다. 얼굴뿐만 아니라 몸 전체에 사용해도 좋다.

재료

★ 오트밀 2큰술
★ 우유 2큰술
★ 벌꿀 1작은술

① 믹서나 푸드 프로세서(과일 커팅기)를 사용해서 오트밀을 파우더 상태로 잘게 부순다.

우유의 양으로 페이스트 상태를 조절하여 묽게 또는 걸쭉하게 만든다.

② 우유를 붓는다.

③ 벌꿀을 붓는다.

POINT ★

특히 모공의 블랙헤드나 열린 모공이 신경 쓰일 때는 우유 대신 달걀흰자를 사용해보자. 달걀흰자의 세정력이 과도한 피지나 모공의 노폐물을 말끔히 씻어준다.

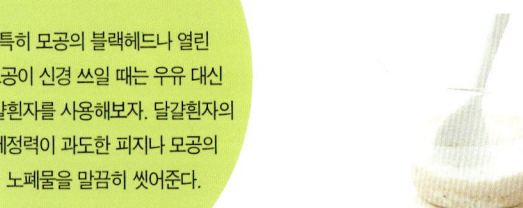

④ 페이스트 상태가 되도록 골고루 섞어 준다.

①

얼굴 전체에 바르고 손가
락으로 원을 그리듯이 부
드럽게 마사지한다.

②

눈 주위의 피부는 약하므
로 심하게 문지르지 않도
록 주의한다.

③

미지근한 물로 씻어낸다.
머리카락과 얼굴의 경계
선도 꼼꼼하게 씻어준다.

④

마른 수건으로 얼굴 전체
를 살짝 눌러주며 물기를
닦아낸다.

얼굴에 바르기만 해도 효과 만점!

플레인 요구르트 마사지
Yogurt

오트밀 · 우유 · 벌꿀 클렌징으로 노폐물을 제거한 후에 피부를 더욱 매끄럽고 부드럽게 하려면 플레인 요구르트로 얼굴 전체를 마사지한다. 마사지를 할 때는 얼굴 중심부에서 바깥쪽으로 나선형을 그리듯이 돌려준다. 이때 손가락의 힘을 빼고 얼굴을 부드럽게 터치하는 느낌으로 한다. 그 다음은 화장솜이나 팩용 마스크를 이용하여 잠시 동안 그대로 덮어두면 효과적이다. 얼굴뿐만 아니라 몸 전체를 마사지해도 피부가 부드러워진다.

아침에 할 수 있는 손쉬운 스킨케어
초간단 밀크 클렌징

아침세안은 가볍게! 화장솜에 우유를 적당히 묻혀 얼굴이나 목 등의 노폐물을 쓸어내듯이 닦아준다. 그 다음 자기 전에 요구르트로 가볍게 마사지하고 물로 씻어내면 유산이 피부의 각질을 부드럽게 제거함과 동시에 수분을 공급해주어 피부가 촉촉해진다. 특히 건성피부인 분들은 꼭 한번 해보길 바란다.

피부를 맑고 청결하게!

사과식초로 헹구기
Apple Vinegar

식초는 혈액순환을 좋게 하고, 항균작용도 하며, 피부에 있는 여분의 피지를 제거해주고, pH농도를 조절해주는 상당히 훌륭한 재료이다. 물론 값도 저렴하다. 이렇게 장점이 많은데 스킨케어로 사용하지 않을 수 있을까? 단, 상처 부위나 눈에 들어갈 경우에는 따끔거릴 수 있으므로 주의해야 한다. 또한 얼굴을 가볍게 두드려주면서 피부에 바른 후에 깨끗이 씻지 않으면 식초 특유의 냄새가 남게 되므로 주의하기 바란다. 일반적인 식초도 좋지만 부드러운 사과식초를 권한다.

얼굴 전체를 정성껏 가볍게 두드려 준다.

식초 특유의 냄새가 남아있지 않도록 잘 씻어낸다.

한층 밝아진 피부톤의 비결!

사과 토너
Apple

사과에는 말릭산(Malic Acid)이라고 불리는 산이 들어있어, 부드럽게 필링을 해주는 효과가 있다. 그리고 감귤류의 과일들처럼 자극이 강하지 않으므로 매일 사용해도 무방하다. 오트밀·우유·벌꿀 클렌징, 요구르트 마사지 그리고 사과 식초로 헹군 후에 사용하면 색소 침착이 적어지고 피부색이 밝아진다.

재료

★ 사과 1/4개
   (또는 100% 사과 주스 1큰술)

① 강판으로 사과를 곱게 간다.

② 작은 용기에 거즈 2장을 겹쳐놓은 후 갈아놓은 사과를 넣고 걸러낸다.

③ 마지막에 손으로 꼭 짜 과즙을 만든다.

사용 방법

화장솜에 적정량을 묻혀 닦아내고 수분간 그대로 놓아둔 후에 씻어낸다.

한층 더 높은 효과를 기대한다면

피부가 갑자기 건조해질 때는 비타민 400IU (International Unit, 국제 단위) 소프트 젤 1개를 내용물과 함께 섞어 화장솜에 묻힌 후에 얼굴을 가볍게 두드려준다. 수분간 그대로 놓아두었다가 씻어내면 이후에 아무 것도 바르지 않더라도 촉촉하고 매끈해진 감촉을 느낄 수 있다.

피부의 열을 진정시키고 노폐물을 완벽하게 제거한다!

오이·우유·벌꿀 마스크
Cucumber Milk Honey

재료

오이는 피부의 염증을 진정시켜주는 동시에 모공을 막고 있는 노폐물을 깨끗이 제거해주는 데에 매우 효과적이다. 여기에 우유와 벌꿀을 섞어주면 피부의 pH 밸런스를 조절할 수 있다. 산뜻하면서도 피부가 당기지 않아 매일 사용할 수 있는 편리한 마스크이다.

★ 오이 1/4개 ★ 우유 1작은술
★ 벌꿀 1작은술

사용 방법

화장솜을 사용해서 얼굴과 목에 잘 바르고 15~20분간 그대로 두었다가 씻어낸다.

강판으로 오이를 간다.

용기에 거즈 2장을 겹쳐놓은 후 갈아놓은 오이를 넣고 걸러낸다.

마지막에 손으로 꼭 짜서 즙을 만든다.

우유를 넣는다.

벌꿀을 넣는다.

전체적으로 잘 섞는다.

각질제거 · 모공축소 · 살균 · 보습 · 미백 등의 다양한 효과!

레몬 · 요구르트 마스크
Lemon Yogurt

매우 손쉽게 할 수 있고 효과도 바로 나타나는 초간단 마스크! 레몬에 들어있는 쿠엔산이 피부에 붙어 있는 여분의 각질을 제거해주고, 요구르트는 보습 효과와 미백 효과가 뛰어나다. 피부성격과 상관없이 누구라도 시험해볼 수 있는 마스크이다. 3일에 한번은 특별히 관리해주도록 한다!

재료

★ 레몬 1/2개   ★ 밀가루 2큰술
★ 플레인 요구르트 2큰술

① 레몬즙을 내는 도구로 레몬즙을 만든다.

② 용기에 담긴 플레인 요구르트에 레몬즙을 넣는다.

③ 밀가루를 넣는다.

사용 방법

④ 페이스트 상태가 될 때까지 잘 저어준다.

눈 주위를 제외한 얼굴과 **목에 바르고** 굳은 후에 씻어낸다.

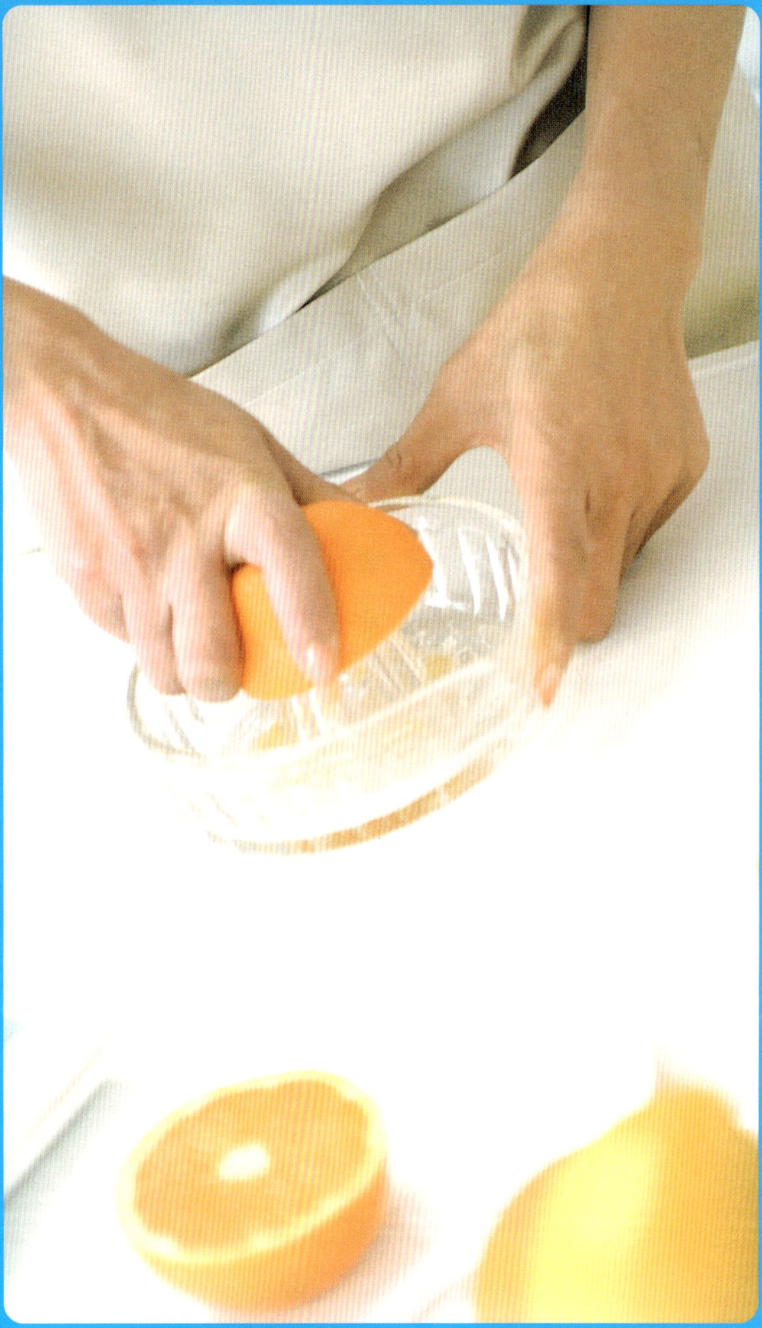

오렌지 · 요구르트 마스크
달걀흰자 · 우유 · 밀가루 마스크
토마토 · 밀크 클렌징 로션
달걀흰자 · 레몬 마스크
메론 로션
딸기 · 요구르트 · 벌꿀 마스크
벌꿀 · 레몬 · 베이킹 소다 마스크
헤이즐 워터 · 사과식초 토너
토마토 · 오이 · 요구르트 · 알로에 · 오트밀 마스크
맥아(소맥배아) 클렌징
아몬드 클렌징

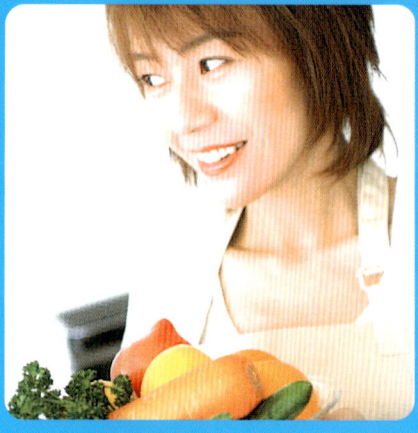

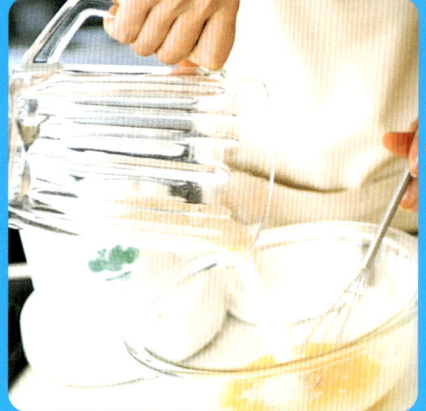

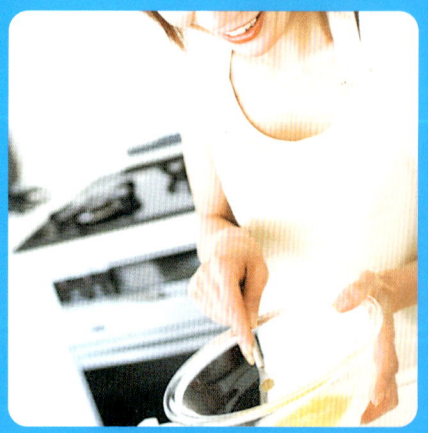

Part 1

과도한 피지를 제거하고
모공을 좁혀주는 레시피

과도한 **피지**를 **제거**하고 **모공**을 **좁혀**주는 레시피

봄 · 여름을 거치면서 피부에는 피지가 눈에 띌 정도로 많아지고 화장도 쉽게 지워지곤 한다.

피지가 많이 생기면 모공도 많이 열리고, 코나 콧망울 주변의 모공에는 도톨도톨한 것들이 눈에 띄게 된다.

또한 노폐물이 쉽게 쌓이고, 여드름으로 고민하기도 한다. 과일에 들어있는 과일산과 비타민 C,

우유나 요구르트에 들어있는 유산은 과잉 분비된 피지를 억제시키고 모공을 좁혀준다.

모두 손쉽게 만들 수 있는 긴단한 레시피이므로 피지가 많아지고 모공이 커져 신경 쓰일 때 사용해보기 바란다.

사용 후에는 산뜻하고 매끈해진 피부를 느낄 수 있다.

오렌지의 비타민 C로 피지를 억제한다!

오렌지 · 요구르트 마스크
Orange Yogurt

오렌지에는 쿠엔산이 많이 있어 신진대사를 활발하게 하고 피부재생을 촉진시킨다.
동시에 풍부한 비타민 C는 과도하게 분비된 피지를 분해시키는 효과가 있다. 오렌지가 없다면
100% 오렌지 주스를 사용해도 무방하다. 요구르트와 섞으면 한층 더 높은 효과를 볼 수 있다.

재료

★ 오렌지 1/2개
★ 플레인 요구르트 2작은술

① 반으로 자른 오렌지를 과즙기로 과즙을 만든다.

② 용기에 담긴 플레인 요구르트에 ① 을 더한다.

사용 방법

화장솜에 묻혀 얼굴과 목에 덮어둔다.
10분간 두었다가 씻어내면 된다.

POINT ★

오렌지보다 다소 자극이 강하긴
하지만 같은 쿠엔산을 가지고 있는
자몽이나 100% 자몽 주스를
사용해도 좋다.

③ 잘 휘젓는다.

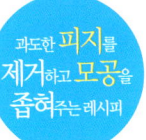

도톨도톨하게 눈에 띄는 블랙헤드가 신경 쓰일 때

달걀흰자 · 우유 · 밀가루 마스크
Egg white Milk Flour

특별한 재료를 사용하지 않고 부엌에 항상 있는 재료들로 만드는 마스크! 피지로 얼굴이 도톨도톨해졌을 때나
여드름이 생겼을 때 효과적이다. 달걀흰자와 밀가루를 섞어서 사용하면 모공이 한결 깨끗해진다.
우유에 들어있는 유산이 피부의 과도한 단백질들을 제거하므로 사용 후에는 산뜻함을 느낄 수 있다.

재료

★ 달걀흰자 1개 분량
★ 우유 1작은술
★ 밀가루 적당량(페이스트 농도는 자
　신이 원하는 정도로 함)

사용 방법

눈 주위를 제외한 얼굴 전체에 바르고
건조하면 씻어낸다.

① 달걀흰자만을 분리해낸다.

② 우유를 붓는다.

③ 밀가루를 넣는다.

④ 전체 재료들을 페이스트 상태가 될
때까지 잘 섞는다.

POINT★

심한 지성피부인 경우에는
주 3회 정도로 시작해서
점차 주 1회 정도로 줄여
나가는 것이 좋다.

피지가 많아 칙칙해지기 쉬운 피부에 제격!

토마토 · 밀크 클렌징 로션

Tomato Milk

과일산이 풍부하고 산이 강한 토마토를 우유와 잘 섞어주면 클렌징과 필링의 2가지 효과를
모두 기대할 수 있다. 칙칙해지기 쉬운 지성피부에 적절한 클렌징 로션이다!
토마토 대신 토마토 주스를 사용해도 좋다.

재료

★ 토마토 1/2개
★ 우유 2큰술

1

꼭지를 떼고 작게 썰어준다.

2

1큰술 정도의 물과 함께 믹서를 사용
해서 주스 상태로 만든다.

3

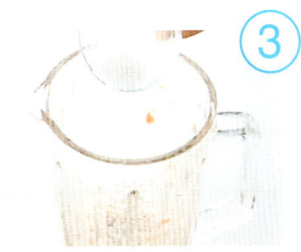

우유를 넣고 잘 섞는다.

사용 방법

화장솜에 묻혀 얼굴과 목에 올려놓는
다. 약 10분 정도 그대로 두었다가 씻
어낸다.

토마토 대신 토마토 주스를 사용
할 경우에는 자극이 적은 식염
무첨가물인 것을 선택한다. 1회
사용량으로는 2큰술 정도가 적
당하다.

POINT★

토마토는 산이 강하므로 사전에
팔 안쪽에 테스트를 해본 후
사용하도록 한다. 주 2회 이상은
사용하지 않는다.

얼굴을 탄력 있게! 바로 페이스 리프트 효과를 보고 싶은 날에는

달걀흰자 · 레몬 마스크
Egg white Lemon

달걀흰자와 레몬으로 만드는 전통적인 마스크로, 간편함과 즉각적인 효과를 원하는 스킨케어족(族)이라면
지나칠 수 없다! 달걀흰자는 피부의 노폐물을 없애주고 모공을 조여주는 효과뿐만 아니라,
페이스 리프트 효과, 즉 탄력을 주는 효과도 있다. 특별한 날에는 반드시 해보길 바란다.

재료

★ 달걀흰자 1개 분량
★ 레몬 1/2개

① 달걀에서 흰자부분을 분리해낸다.

② 거품기로 거품을 낸다.

사용 방법

얼굴과 목에 화장솜을 붙이고 15분 정도 놓아둔 후에 씻어낸다.

③ 레몬을 짜서 즙을 만들고 ②에 천천히 붓는다.

POINT★

매우 산뜻해지는 효과가 있는 반면,
너무 자주 하면 피부가 건조해질 수
있으므로 주 2회 정도가 적당하다.
케이크나 과자 등을 만드는 것이
아니므로 달걀흰자의 거품을
많이 낼 필요는 없다.

얼굴이 햇볕에 탔을 때 달아오른 피부를 진정시킨다

메론 로션

Melon Olive oil Vitamin E

메론은 얼굴이 탄 후에 달아오른 열을 진정시켜주는 동시에, 피부에 수분을
공급해주며 여드름으로 빨갛게 오른 부위에도 효과가 있다.
평상시보다 건조하다고 느껴질 때 올리브 오일이나 비타민 E를 섞어준다.
사용 후에는 부드럽고 촉촉해진 피부를 느끼게 될 것이다. 냉장고에 2일정도 보관 가능하다.

재료

★ 메론 적정량(과육부분이 녹색인 것)
★ 레몬 1/2개
★ 올리브 오일 소량

사용 방법

화장솜에 묻혀 얼굴과 목 이외에 신경
쓰이는 부분에 덮어 놓아둔다. 아침저
녁으로 2번 사용하면 좋다. 단, 사용하
기 전에 잘 흔들어준다.

① 메론을 반으로 자르고 과육부분만
도려내어 작게 썰어준다.

② 방망이나 스푼으로 과육을 잘 으깨다

③ 그릇에 거즈 2장을 겹쳐놓고 ②를
넣어 걸러준다.

④ 메론즙이 어느 정도 생기면 마지막
에 꼭 짜준다.

⑤ 절반으로 자른 레몬을 과즙기로 즙
을 만든다.

⑥ 레몬즙을 ④에 넣는다.

⑦ 올리브 오일을 넣는다.

⑧ 잘 섞어준다.

POINT

올리브 오일 대신에 비타민 E 400IU
소프트 젤 1개를 넣어도 좋다.

천연 살리실산으로 색소 침착을 없앤다!

딸기 · 요구르트 · 벌꿀 마스크
Strawberry Yogurt Honey

딸기에는 AHA ^주 와 살리실산이 포함되어 있다. 이는 노폐물이나 오래된 각질을 제거하고,
거뭇해진 피부를 하얗게 해주는 효과가 있다. 요구르트에도 유산이 있어서 부드러운
필링 효과는 물론 피부의 pH 밸런스를 맞춰주는 작용도 한다.

재료

★ 딸기 1개
★ 벌꿀 1작은술
★ 플레인 요구르트 1작은술

① 딸기를 스푼 뒷면으로 으깬다.

④ 벌꿀을 넣는다.

② 안전히 으깨질 때까지 으깬다.

⑤ 잘 섞어준다.

POINT

만드는 과정의 마지막에 파우더 상
태로 곱게 간 오트밀을 2큰술 넣어
주면 클렌징으로도 사용 가능하며,
열린 모공을 좁혀주는 효과도 기대
할 수 있다.

③ 플레인 요구르트를 넣는다.

사용 방법

눈 주위를 제외한 얼굴과 목에 화장솜
을 사용해서 덮어놓는다. 약 10분 정
도 그대로 두었다가 씻어낸다. 민감성
피부인 경우에는 사용하기 전에 팔 안
쪽에 테스트 해보도록 한다. 1주일에
1회 정도가 효과적이다.

| 주 | AHA = 알파히드록시산(Alpha Hydroxy
Acids), 각질세 서세룸배 수료 쓰이는 성분

열린 모공을 꼭 조여주는

벌꿀 · 레몬 · 베이킹 소다 마스크
Honey Lemon Baking soda

부드러운 스크럽 효과나 클렌징 효과, 혈액순환촉진 효과 등 많은 재주를 가지고 있는 베이킹 소다를
사용한 마스크. 열린 모공을 좁혀주고 여분의 피지를 제거한다. 산뜻한 느낌을 원하는
오일스킨 타입인 분들에게 권하지만 벌꿀이 들어있으므로 많이 건조하지는 않다.

재료

★ 베이킹 소다 1큰술
★ 레몬 1/2개 분량의 레몬즙
★ 벌꿀 1작은술

베이킹 소다에 레몬즙을 넣는다.

벌꿀을 넣는다.

사용 방법

눈 주위를 제외한 얼굴 전체에 바른다.
약 15분간 그대로 두었다가 씻어낸다.

베이킹 소다는 차분한 성질의 천연 무기물질이다. 화학용어로는 탄산수소나트륨이며 요리나 청소, 클리닝 등 폭넓게 사용되고 있다.

POINT

베이킹 소다와 레몬즙을 섞으면 반드시
부풀어오르므로 넘치지 않도록
큰그릇을 준비한다. 베이킹 소다에
물을 약간 넣으면 세안용으로도
사용할 수 있다.

거품기를 이용해서 잘 섞는다.

피부의 혈액순환을 좋게 하고, 살균과 모공을 조여주는 데에 효과 만점!

헤이즐 워터 · 사과식초 토너
Hazel Apple Vinegar

오래 전부터 모공을 좁혀주는 대표적인 아스트린젠트로 사용된 위치 헤이즐(Witch Hazel) 워터.
사과식초와 섞어주면 모공을 좁혀줄 뿐만 아니라, 피부 혈액순환 개선과 pH 밸런스를 조절해주는 토너가 된다.
일반적으로 알코올 성분이 강한 토너보다 자극이 적어서 좋다!!

재료

★ 사과식초(또는 사과산) 70ml
★ 위치 헤이즐 워터 140ml

위치 헤이즐 워터와 사과식초를 2:1
의 비율로 섞어 보존용기에 담는다.

사용 방법

화장솜에 묻혀 얼굴을 잘 두드려 준다.
사용 전에는 용기를 잘 흔들어 준다.

위치 헤이즐 워터는 하마메리스의 줄기
와 잎에서 추출한 농축 엑기스를 사용한
스킨로션이다. 수입화장품을 판매하고
있는 상점 등에서 구입할 수 있다. 사과
식초는 사과로 만든 산으로 사과산과 같
은 것이다.

POINT

사과식초 냄새가 싫은 경우에는
자신이 좋아하는 라벤다 등의
에센셜 오일을 넣어 주는 것도 좋다.
냉장고에 보관하며 2주 이내에
전부 사용하도록 한다.

과도한 **피지**를 **제거**하고 **모공**을 **솝혀**주는 레시피

얼굴의 열을 진정시켜주고 산뜻함을 느끼고 싶은 날에

토마토·오이·요구르트·알로에·오트밀 마스크
Tomato Cucumber Yogurt Aloe Oats

토마토에 포함되어 있는 과일산과 요구르트의 유산으로 얼굴 표면의 오래된 각질을 제거하고,
오이로 모공을 청소하며, 알로에로 염증을 진정시킨다. 오일스킨 타입인 분들이나
햇볕에 타서 열이 날 때 효과적이다. 더운 여름에 딱 알맞은 상쾌한 감촉이 매력적이다.

재료

★ 토마토 주스 1큰술
★ 오이 1/4개
★ 플레인 요구르트 1작은술
★ 알로에 젤 1작은술
★ 오트밀 적정량(자신이 선호하는
　페이스트 농도에 알맞은 양)

사용 방법

얼굴 전체에 바르고 10분 정도 그대로
놓아둔 후 씻어낸다.

POINT

민감한 피부인 경우에는 사용하기 전에
팔 안쪽에 테스트를 하다. 주 1회 정두
사용하는 것이 좋다. 알로에 젤 대신에
천연알로에를 그대로 잘게 썰어서
사용해도 좋다.

1 오트밀을 믹서로 곱게 갈아준다.

2 오이를 강판에 갈아 그릇에 담는다.

3 토마토 주스를 넣는다.

4 플레인 요구르트를 넣는다.

5 알로에 젤을 넣는다.

6 함께 잘 섞는다.

7 잘게 부순 오트밀을 넣고 페이스트
상태가 될 때까지 잘 섞는다.

피부가 연약해도 안심하고 사용할 수 있는

맥아(소맥배아) 클렌징
Wheatgerm

집에서 손수 만들기를 잘하는 분에게도 잘 알려져 있지 않은 맥아를 사용한 클렌징! 소금이나 식물의 씨앗을 사용하는 클렌징은 유명하지만 얼굴에 사용하기에는 조금 거칠지 않을까? 그러나 맥아는 부드러운 감촉으로 피부의 노폐물을 제거해준다. 여드름 때문에 고민하는 분들이라면 지금 바로 사용해 보자!

재료

★ 분말상태의 맥아(소맥배아) 적정량

1

손바닥에 적정량의 맥아 가루를 올려놓고 페이스트 상태가 될 정도로 물을 더해서 비벼준다.

2

평상시 세수하는 대로 하며 원을 그리듯이 정성껏 씻어준다.

POINT

맥아 클렌징을 한 후에 **사과식초**로
피부를 가볍게 두드려주면 보다
효과적이다.

과도한 피지를 제거하고 모공을 좁혀주는 레시피

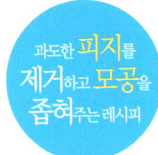

노폐물을 제거하고 피부에 영양을 주고 싶을 때

아몬드 클렌징

Almond

아몬드에는 비타민 A와 B군을 비롯해서, 올레인산과 리놀산이 풍부하게 들어있다.
피부의 노폐물을 말끔하게 제거하면서 영양분도 충분하게 보충해준다.
고운 피부로 만들어주는 클렌징이라 할 수 있다!

재료

★ 아몬드 분말 적정량

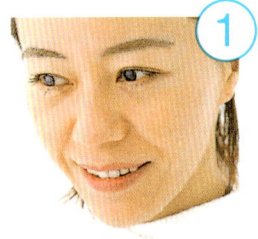

1

얼굴 전체가 촉촉해질 정도로 물을 묻힌다.

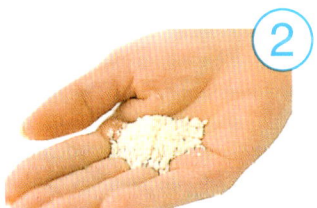

2

아몬드 분말 적정량을 얼굴에 문지른다.

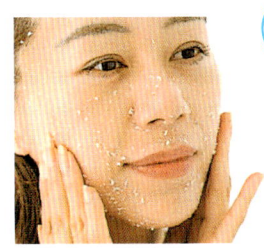

3

가볍게 마사지하면서 씻어낸다.

POINT

아몬드 분말을 개봉한 후에는 냉장고에 보관하도록 한다.

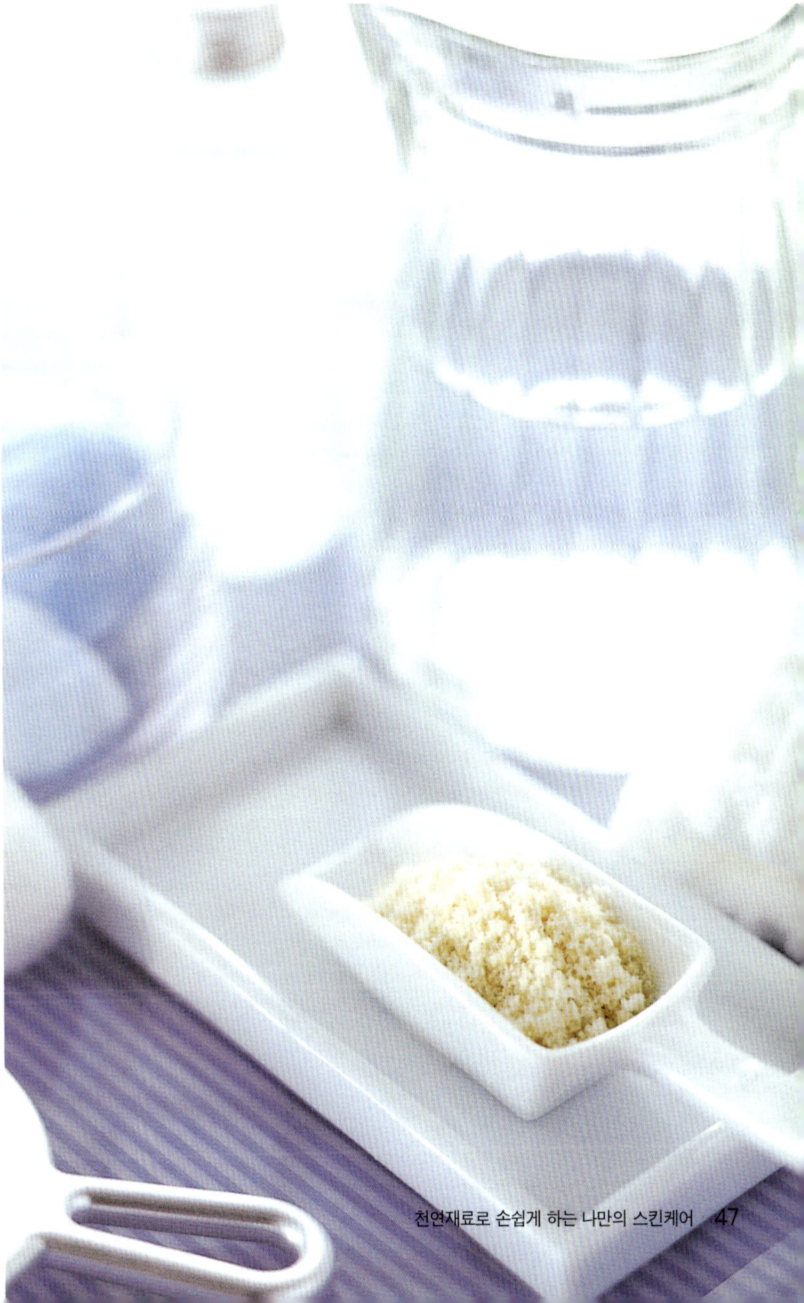

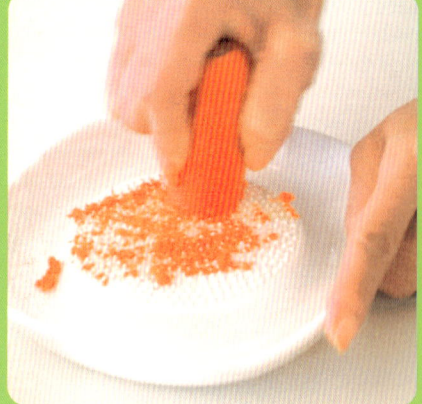

요구르트 · 오트밀 · 벌꿀 마스크

당근 · 요구르트 · 벌꿀 마스크

파파야 필링 마사지

파인애플 필링 마스크

살구 · 요구르트 마스크

양배추 · 레몬 · 올리브 오일 · 오트밀 마스크

바나나 · 오이 · 딸기 · 요구르트 · 벌꿀 마스크

Part 2

피부노화는 이제 그만!
안티 에이징 레시피

피부노화는
이제 그만! **안티**
에이징 레시피

잔주름, 색소 침착, 탄력없는 피부 등 예전에는 생기있고 탄력있던 피부도

나이가 들면서 신경 쓰이는 변화가 생기기 시작한다.

거울을 볼 때마다 한숨 쉴 여유 정도만 있다면 지금부터 손수 만드는 스킨케어를 시작해 보자!

요즘은 어느 곳을 가더라도 안티 에이징 화장품이 넘쳐난다.

50만원, 100만원이나 하는 크림이 날개 돋치듯 팔리기도 한다.

그러나 피부노화를 막아주는 성분은 요구르트나 과일, 채소에도 충분히 들어있다!

피부노화와 함께 민감해진 피부를 생기있게

요구르트 · 오트밀 · 벌꿀 마스크

Yogurt Oats Honey

요구르트에는 유산이 들어있을 뿐만 아니라 피부의 콜라겐 생성을 도와주는 다양한 영양분도 들어있다.
먹는 것은 물론이고 피부에 공급해주는 미용 효과를 충분히 얻을 수 있다. 이런 요구르트를 듬뿍 사용한 마스크는
노화로 민감해진 피부의 구세주다! 오트밀과 벌꿀은 보습제로서 더해준다.

재료

★ 플레인 요구르트 2큰술
★ 오트밀 1큰술
★ 벌꿀 1작은술

믹서로 오트밀을 곱게 갈아준다.

벌꿀을 넣는다.

사진과 같이 곱게 갈아주는 것이 좋
다. 믹서로는 10초 정도!

잘 섞어준다.

사용 방법

얼굴과 목에 바르고 15분간 그대로 놓
아둔 후에 씻어낸다.

오트밀은 귀리라고도 불린다. 곡
류 중에서도 단백질과 지방, 비타
민 B군이 풍부하다.

플레인 요구르트를 넣은 그릇에 ②를
넣는다.

지친 피부에 활력을 불어 넣어주는

당근 · 요구르트 · 벌꿀 마스크
Carrot Yogurt Honey

당근에는 비타민이나 미네랄이 풍부해 지친 피부를 생기있게 해준다. 특히 건조한 피부에 효과적이다.
까칠까칠해진 피부를 촉촉하고 수분을 머금게 하여 생기있게 하는 효과가 있다.
요구르트에는 보습작용 외에 미백작용도 있으므로 하얀 피부까지 욕심 내보길 바란다!

재료

★ 당근 1/2개
★ 플레인 요구르트 1작은술
★ 벌꿀 1작은술

1 강판으로 당근을 갈아준다.

4 플레인 요구르트를 넣는다.

2 갈아놓은 당근을 거즈 2장을 겹쳐놓고 걸러낸다.

5 벌꿀을 더해서 전체를 잘 섞어준다.

POINT

당근 대신에 당근 주스 1큰술을 사용해도 무방하다. 주 2회 정도 하면 좋다. 피부가 심하게 건조한 경우에는 비타민 E 400 IU 소프트 젤 1개를 넣어주면 한층 더 촉촉해진 효과를 볼 수 있다.

3 어느 정도 즙이 만들어지면 마지막에 손으로 꼭 싸준다.

사용 방법
얼굴과 목에 바르고 20~30분 정도 그대로 놓아둔 후에 씻어낸다.

각질이 심한 얼굴이나 전신 마사지에 좋은

파파야 필링 마사지
Papaya

파파야에는 파파인이라고 불리는 단백질 분해효소가 들어있어 피부에 바르면 피부표면에 남아있는
죽은 세포들을 제거하고 피지를 분해하는 효과가 있다. 게다가 AHA(알파히드록시산)도 포함되어 있어
한층 높은 피부미용 효과를 기대할 수 있다. 마지막에 벌꿀을 보습제로 넣어준다.

재료

★ 파파야 적정량
　(사용하는 부위에 따라서)
★ 벌꿀 1작은술

사용 방법

화장솜에 묻혀 눈 주위를 피해 얼굴과 목
에 덮어준다. 10분간 그대로 놓아둔 후
씻어낸다. 쌀뜨물이나 누룩, 발뒤꿈치 등이
각질을 없애는 데에도 효과적이다.
이 경우에는 화장솜을 사용하지 말고 직
접 바르면 된다. 자극이 강하므로 주 1회
이상 사용하는 것은 피하도록 한다.

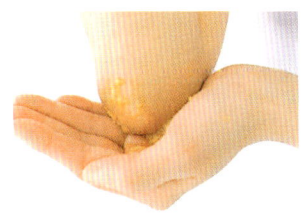

1

파파야를 반으로 잘라 씨를 제거하
고 사용할 분량만큼 작게 썰어준다.

2

자른 파파야 과육을 포크 뒷면으로
으깬다.

3

전체를 페이스트 상태가 될 때까지
으깬다.

4

벌꿀을 넣는다.

5

전체를 잘 섞어준다

AHA와 단백질 분해효소로 피부 결을 개선해주는

파인애플 필링 마스크
Pineapple

파인애플에는 브로멜라인이라는 단백질 분해효소가 들어있다. 파파야와 마찬가지로 피부표면에 쌓여있는 오래된 각질을 제거해준다. 게다가 AHA도 포함되어 보다 높은 필링 효과를 기대할 수 있다.

재료

★ 파인애플 적정량
  (사용하는 부위에 따라서)
★ 벌꿀 1작은술

파인애플의 껍질을 벗기고 가운데 부분의 심을 제거한 후 사용할 만큼만 작게 썰어준다.

주스가 어느 정도 생기면 마지막에 손으로 꼭 짜준다.

사용 방법

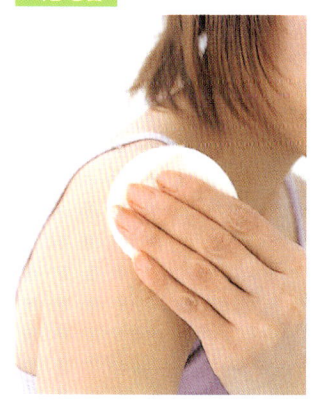

눈 주위를 제외한 얼굴과 목, 등 부위에 바르고 10분간 놓아둔 후 씻어낸다. 햇볕에 타서 자국이 생긴 피부에도 효과적이다. 민감한 피부는 빨갛게 변할 수 있으므로 사용시간을 반드시 지키도록 하며 주 1회 이상은 사용하지 않도록 한다. 빨갛게 되어도 비교적 효과가 좋으며, 알레르기를 일으키는 사람은 거의 없다.

방망이나 포크 뒷면으로 과육을 더욱 작게 으깬다.

벌꿀을 넣는다.

거즈 2장을 겹쳐 놓은 그릇에 으깬 파인애플을 놓고 걸러준다.

전체를 잘 섞어준다.

거뭇거뭇해진 피부를 없애주고 수분공급에 효과적인

살구 · 요구르트 마스크

Apricot Yogurt

살구에 들어 있는 비타민 A군과 B군, 말산(사과산), 쿠엔산과 요구르트의 조합이 미백과 보습에 탁월한
효과를 발휘한다. 피부에 칙칙함을 제거하고, 촉촉하고 수분이 머금은 피부로 만들어준다.
살구를 직접 구하기 어려운 경우에는 건조 살구나 캔에 들어있는 것을 사용한다.

재료

★ 통조림용 또는 건조 살구 1개
★ 플레인 요구르트 1큰술

통조림 살구의 경우에는 그대로 사용하고, 건조 살구인 경우에는 부드럽게 될 때까지 물에 담가 놓았다가 믹서에 넣는다.

사용 방법

얼굴과 목 등에 바르고 15분간 그대로 놓아둔 후에 씻어낸다.

POINT

평상시보다 건조하다고 느껴질 때에는 올리브 오일을 소량 더해주면 촉촉한 느낌이 한층 높아진다.

살구와 플레인 요구르트, 물 1큰술을 믹서에 넣고 갈아준다. 페이스트 상태가 되도록 한다.

피부를 산뜻하고 촉촉하며 윤기있게 하는

양배추 · 레몬 · 올리브 오일 · 오트밀 마스크
Cabbage Lemon Olive oil Oats

양배추에는 비타민과 미네랄이 풍부해 예전부터 미용 효과가 뛰어났다. 게다가 양배추에 들어있는
산은 클렌징 효과가 뛰어나 모공을 막고 있는 노폐물을 깨끗이 제거해준다.
사용 후에는 얼굴색이 한 톤 밝아진 것을 느낄 수 있다.

재료

★ 양배추 잎 여러 장   ★ 레몬 1/2개
★ 올리브 오일 1작은술
★ 오트밀 2작은술

사용 방법

얼굴과 목에 바른 뒤 약 15~20분 후
에 씻어낸다.

POINT
주 1회 정도 사용하도록 한다.

1

오트밀을 믹서에 넣는다.

2

양배추 잎은 단단한 줄기를 빼고 잘게
찢어 믹서에 넣는다.

3

과즙기로 레몬즙을 낸다.

4

레몬즙을 믹서에 넣는다.

5

올리브 오일을 믹서에 넣는다.

6

물을 1큰술 정도 넣고 믹서를 돌린다.
페이스트 상태로 만들어준다.

영양보습 · 소염 · 각질제거 욕심이 날 때는

바나나 · 오이 · 딸기 · 요구르트 · 벌꿀 마스크
Banana Cucumber Strawberry Yogurt Honey

'오늘은 피부가 더욱 지친 느낌이야...' 라고 생각되는 날에 권해드리고 싶은 스페셜 마스크!
영양분이 풍부한 바나나, 염증을 잠재우는 오이, 천연 살리실산의 딸기, 만능재료인 요구르트,
보습 효과에 안성맞춤인 벌꿀의 배합으로 확실히 아름다운 피부로 만들어 줄 것이다.
피부 속부터 좋게 하는 재료로는 만점이다. 남은 분량은 맛있게 먹으면서 하자.

재료

★ 바나나 1/4개
★ 오이 1/4개
★ 딸기 1개
★ 요구르트 1큰술
★ 벌꿀 1작은술

① 모든 재료를 푸드 프로세서 또는 믹서에 넣는다.

② 물 1큰술을 믹서에 넣고 돌린다. 페이스트 상태로 만들어준다.

사용 방법

얼굴과 목 등에 바르고 10~15분간 놓아두었다가 씻어낸다.

우유 · 벌꿀 마스크
아보카도 · 요구르트 · 비타민 E 마스크
복숭아 마스크
요구르트 · 알로에 필링 마스크
망고 마스크
달걀흰자 · 오이 · 레몬 마스크
바나나 · 레몬 · 벌꿀 마스크
달걀노른자 · 벌꿀 · 요구르트 마스크
파슬리 · 벌꿀 · 요구르트 · 비타민 E 마스크

Part 3

촉촉하고 윤기 있는
피부를 위한 레시피

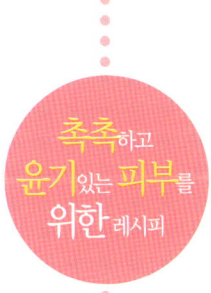

촉촉하고
윤기있는 피부를
위한 레시피

요구르트와 우유, 벌꿀은 물론이고 아보카도, 복숭아, 알로에, 망고, 오이, 바나나 등의 과일이나 채소에도

피부를 촉촉하고 윤기 있게 해주는 성분이 들어있다. 햇볕에 타서 피부가 건조해지거나 까칠까칠해져 화장이

잘 받지 않을 때에는 이 파트에서 소개하는 마스크를 반드시 사용해 보기 바란다.

잠시 있다가 씻어주기만 해도 촉촉해진 느낌에 놀라게 될 것이다. T존이나 U존은 오일 타입이므로

눈 주위나 입가가 자주 건조해지는 복합성 피부인 분들도 메마른 부분에 사용해 보기를!

단시간에 촉촉함을 느끼고 싶을 때

우유 · 벌꿀 마스크

Milk Honey

외출하기 전에 화장을 하려고 거울을 보는 순간 피부가 까칠까칠하다.
이럴 때는 당황하거나 허둥대지 말고 이 보습 마스크를 해보자!
외출하기 전 단 15분만에 촉촉한 피부로 변한다.
준비라고 할 것도 거의 없다. 우유의 유산과 벌꿀의 보습성분에 감사하고 감탄할 뿐이다.

재료

★ 우유 2작은술
★ 벌꿀 1작은술

우유에 벌꿀을 넣는다.

잘 휘젓는다.

사용 방법

화장솜에 묻혀 얼굴과 목에 발라주고, 약 15분가 그대로 놓아둔 후에 씻어낸다.

POINT ★

벌꿀이 들어있어 머리카락에
묻게 되면 늘러 붙으므로
조심하다

손을 쓸 수 없을 만큼 피부가 까칠하고 메마를 때에는

아보카도 · 요구르트 · 비타민 E 마스크
Avocado Yogurt Vitamin E

기네스북에 오를 정도로 영양가 만점인 아보카도!

11종의 비타민과 14종의 미네랄을 가진 아보카도는 피부 침투력도 강하다.

자극이 없어 민감한 피부에도 안심하고 사용할 수 있는 채소이다. 그리고 효과를 더욱 높이기 위해서

역시 보습에서 빠질 수 없는 비타민 E를 더해주면 최고의 보습 마스크가 완성된다.

재료

★ 아보카도 30g
★ 레몬 과즙 소량(아보카도의 변색을
   막기 위함)
★ 플레인 요구르트 1작은술
★ 비타민 E 400 IU 소프트 젤 1개

사용 방법

얼굴과 목에 바르고 약 20분간 놓아둔
후 씻어낸다.

잘 익은 아보카도 과육 부분을 잘라
내고 변색되지 않도록 레몬즙을 뿌
려준다.

비타민 E 400 IU 소프트 젤 1개를 넣
는다.

아보카도를 포크 뒷면으로 으깨어 페
이스트 상태로 만든다.

전체를 잘 섞어준다.

플레인 요구르트를 넣는다.

POINT

아보카도는 색이 바로 변하므로 만든
즉시 사용하도록 한다. 사용은
주 2회 정도가 적당하다.

아보카도 · 올리브 핸드&풋 크림

손발이 건조하고 메마를 때에 안성맞춤인 간단한 크림을 만들어서 팩을 해보자! 랩을 떼어낸 후에는 피부가 뽀얗고 부드러워 진다. 매니큐어에 닿으면 색이 변할 수 있으므로 주의한다. 미백 효과와 함께 촉촉해진 효과를 느낄 수 있다.

재료

★ 아보카도 적정량
★ 올리브 오일 몇 방울

① 잘 익은 아보카도의 과육을 으깨서 페이스트 상태로 만들고, 올리브 오일을 몇 방울 떨어뜨려 잘 섞어준다.

② 손이나 발의 메마른 부분에 붙여준다.

③ 랩 재질로 감아서 15~20분간 놓아 두었다가 씻어낸다.

거칠어진 피부 전반에 효과를 발휘하는

복숭아 마스크

Peach

오래 전부터 거친 피부 치료에 사용되어 온 복숭아! 소염작용이 있어 상처부위나 여드름 등
빨갛게 된 피부를 진정시키는 효과가 있다. 복숭아 대신 복숭아 통조림을 사용해도 좋다!
올리브 오일을 첨가해주면 산뜻해진 감각을 한층 높여준다.

재료

★ 복숭아 또는 통조림용 복숭아 1/4개
★ 올리브 오일 1작은술

사용 방법

얼굴과 목에 바르고 20분간 놓아둔 후
에 씻어낸다.

복숭아 또는 통조림용 복숭아를 작
게 썰어준다.

포크 뒷면으로 으깨서 페이스트 상태
로 만든다.

올리브 오일을 넣어준다.

전체를 잘 섞어준다.

햇볕에 탄 후 손상된 피부를 건강하게 만들어주는

요구르트 · 알로에 필링 마스크

Yogurt. Aloe

플레인 요구르트에는 오래된 각질을 부드럽게 제거해주는 유산 이외에도 콜라겐의 생성을 촉진시켜주는
성분이 들어있다. 또한 알로에는 염증을 막아주는 작용을 하며, 예전부터 거친 피부에
효과가 있는 식물로서 사용되어 왔다. 천연 알로에를 사용하면 더욱 좋다.

재료

★ 알로에 젤 1작은술(천연 알로에가
　있는 경우에는 으깨서 사용)
★ 플레인 요구르트 1큰술

플레인 요구르트에 알로에 젤을 넣
어준다.

잘 휘젓는다.

사용 방법

햇볕에 타 열이 나는 얼굴에 화장솜을
사용해서 팩을 해준다. 열이 심하지 않
은 경우에는 얼굴에 바르고 가볍게 마
사지하며, 수분간 그대로 두었다가 씻
어낸다.

알로에 100% 농축 젤은 햇볕에 탄 피
부를 치료하는 용도로 약국에서 팔고
있다. 천연 알로에가 없는 경우 이것을
사용하면 편리하다.

자극이 적은 필링 + 보습 효과에는

망고 마스크
Mango

망고에 들어있는 유산의 부드러운 필링작용으로 피부의 칙칙함이 없어지고 밝아진다.
게다가 빠뜨릴 수 없는 것은 촉촉하고 윤기 있게 해주는 높은 보습력이다. 두드러기 등 알레르기를
일으키는 경우도 드물게 있으므로 사용하기 전에 반드시 테스트를 하도록 한다.

재료

★ 망고 1/3개
★ 벌꿀 1작은술

사용 방법

껍질을 벗기고 씨를 제거한 후 작게
썰어준다.

과육을 스푼으로 으깬다.

벌꿀을 넣는다.

잘 휘젓는다.

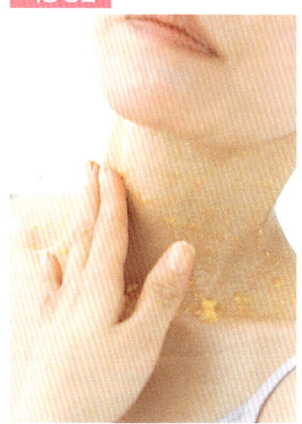

눈 주위를 제외한 얼굴, 까칠까칠한 피
부나 건조함이 신경 쓰이는 목 등에 바
르고 15분간 놓아둔 후에 씻어낸다.

건조해서 푸석푸석한 피부에는

달걀흰자 · 오이 · 레몬 마스크

Egg white Cucumber Lemon

메마르거나 빨갛게 된 피부에 권한다!
달걀흰자와 레몬과즙이 토닝스킨과 같은 효과를 준다.
오이는 염증을 진정시켜주는 동시에 피부에 촉촉함을 가져다준다.
산뜻하면서도 피부가 당기지 않는 마스크! 피부를 차분하고 편안하게 해준다.

재료

- ★ 달걀흰자 1개
- ★ 레몬 1/2개
- ★ 오이 1/4개

사용 방법

얼굴과 목에 바르고 15분간 그대로 놓아둔 후 씻어낸다. 염증이 심한 경우에는 사용하지 말고 피부과 상담을 받는다.

1

오이를 강판에 갈아준다.

2

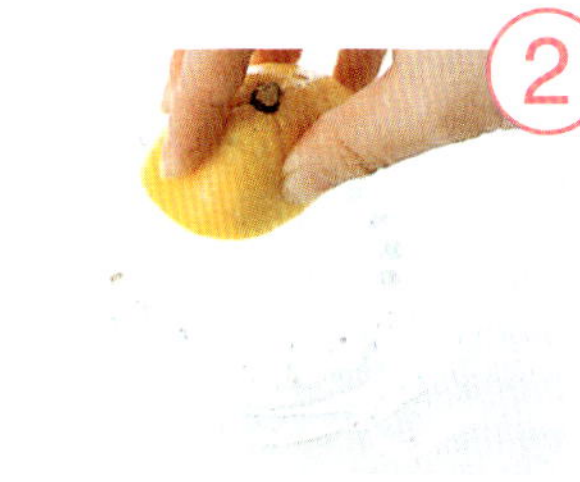

과즙기로 레몬즙을 짠다.

3

갈아놓은 오이에 레몬즙을 넣는다.

4

달걀흰자만을 분리한다.

5

달걀흰자 거품을 가볍게 내준다.

6

달걀흰자 거품에 ③을 넣어서 살짝 저어준다.

복합성 피부에 권한다!

바나나 · 레몬 · 벌꿀 마스크
Banana Lemon Honey

아보카도와 어깨를 나란히 할 정도로 피부에 촉촉함을 더해주는 바나나!
비타민 A, B, E, F 이외에 미네랄도 풍부하게 들어있어 과일 중에서도 영양가가 단연 높다.
레몬즙을 더해주면 바나나 특유의 물렁한 느낌을 없애주며 산뜻한 느낌으로 완성된다. 복합성 피부에 좋다.

재료

★ 바나나 1/4개   ★ 레몬 1/2개
★ 벌꿀 1작은술

사용 방법

눈 주위를 제외한 얼굴과 목 등에 바르고
15~20분간 놓아둔 후 씻어낸다. 주 1
~2회 사용을 권한다.

POINT

전체적으로 건조피부인 분들은 레
몬 대신에 플레인 요구르트 1큰술
을 사용한다. 특히 건조가 심할 경
우에는 주 3회 정도 사용한다.

① 사진과 같이 바나나를 동그랗게 썰어준다.

② 스푼 뒷면으로 으깬다.

③ 완전히 페이스트 상태로 만든다.

④ 과즙기로 레몬즙을 내어 ③에 더해준다.

⑤ 벌꿀을 넣는다.

⑥ 잘 섞어준다.

촉촉하고 윤기 있는 피부를 위한 레시피

미백과 피부탄력과 보습, 3가지를 동시에!

달걀노른자 · 벌꿀 · 요구르트 마스크
Egg yolk Honey Yogurt

새삼스런 느낌이 들긴 하지만 역시 무시할 수 없는 달걀노른자의 보습력! 한번 사용해보면 고급화장품에 뒤지지 않는 촉촉함을 느낄 수 있다. 달걀노른자에는 비타민 A, D, E를 비롯하여, 엽산이나 아미노산 등 피부에 좋은 성분들이 있으며 피부 침투력도 뛰어나다. 미백 작용을 하는 요구르트와 섞어주면 효과가 훨씬 좋다.

재료

★ 달걀-달걀노른자 1개분
★ 벌꿀 1작은술
★ 플레인 요구르트 1작은술

달걀노른자만을 분리한다.

벌꿀을 넣는다.

잘 저은 달걀노른자에 플레인 요구르트를 넣는다.

잘 섞어준다.

POINT ★

달걀흰자의 노폐물 제거 효과, 달걀노른자의 영양분 보습 효과로 흰자, 노른자 모두 효과적인 천연 미용재료이다. 당일 사용하지 않은 흰자나 노른자는 냉장고에 보관해 두었다가 다음날 마스크로 사용한다.

사용 방법

얼굴과 목 등에 바르고 약 20~30분간 놓아둔 후 씻어낸다. 피부에 부드럽고 자극이 적은 마스크이므로 피부가 건조하거나 거칠 때 주 2~3회 정도 사용한다.

피부에 영양보습과 모공을 꼭 조여주는

파슬리 · 벌꿀 · 요구르트 · 비타민 E 마스크
Parsley Honey Yogurt Vitamin E

파슬리는 엽록소인 클로로필이 들어있어 피부에 영양분을 공급해주는 동시에 모공을 조여주는 효과가 있다.
여기에 비타민 E를 더해주면 한층 더 촉촉함을 느낄 수 있다.
파슬리의 미세한 잎이 얼굴에 남기 쉬우므로 사용 후에는 세안을 꼼꼼히 한다.

재료

★ 파슬리 잎 소량
★ 플레인 요구르트 1큰술
★ 벌꿀 1작은술
★ 비타민 E 400IU 소프트 젤 1개

1. 파슬리의 잎 부분만 잘게 찢는다.

2. 부엌칼로 곱게 썰어준다.

3. 그릇에 넣고 방망이로 더욱 곱게 찧는다.

4. 플레인 요구르트를 넣는다.

5. 벌꿀을 넣는다.

6. 비타민 E 400IU 소프트 젤 1개를 넣는다.

7. 잘 섞어준다.

사용 방법

얼굴과 목에 바르고 약 15분간 놓아둔 후 씻어낸다.

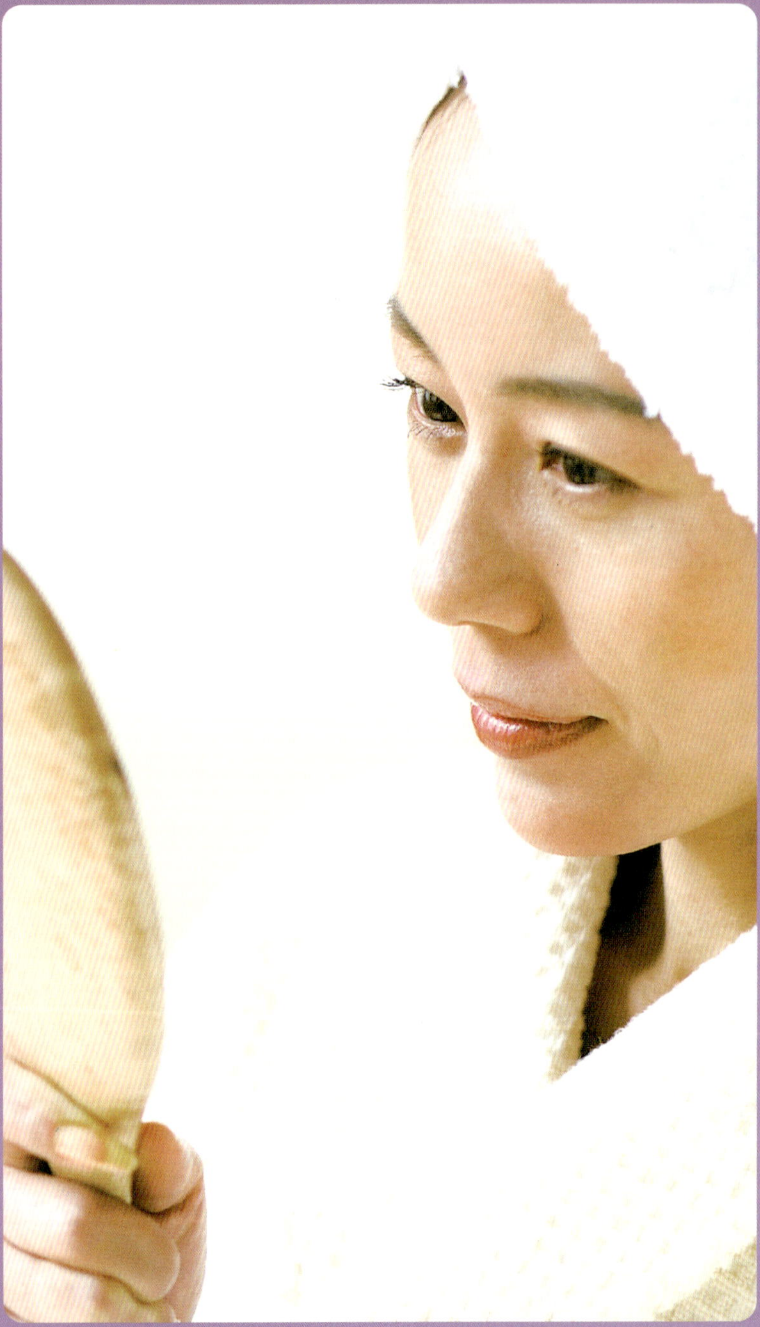

클레오파트라 목욕
우유 · 카모마일 목욕
에그 컨디셔너
마요네즈 컨디셔너
아보카도 헤어 트리트먼트
카모마일 · 사과식초 린스
딸기 · 베이킹 소다 치약

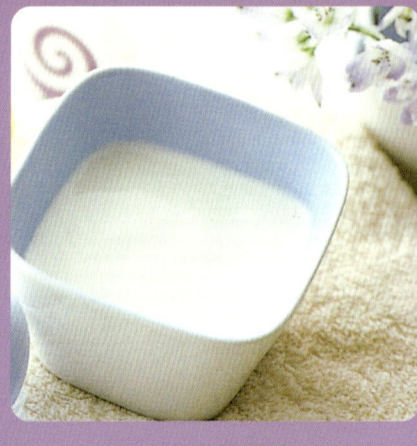

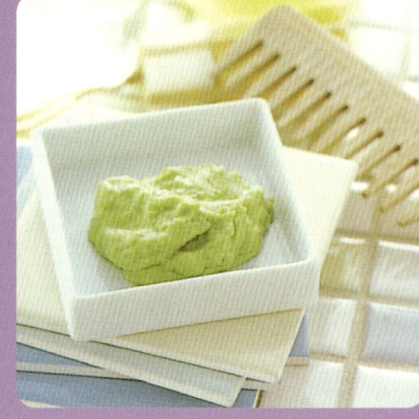

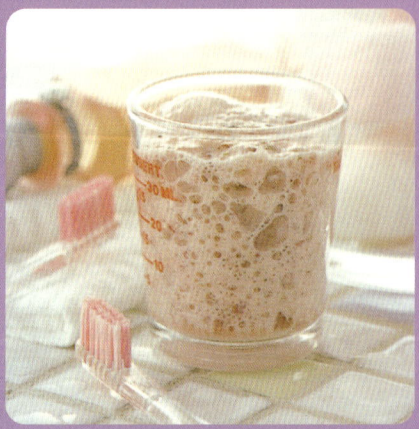

Part 4

목욕하는 시간이
즐거워지는 레시피

목욕하는
시간이 즐거워지는
레시피

여성에게 있어 목욕하는 시간은 자신을 아름답게 가꾸는 소중한 홈 에스테틱 시간이다.

목욕을 하면서 여유로움을 만끽하고 심신이 편해지면 피부도 그날의 피로를 풀게 된다.

게다가 요구르트와 과일, 채소의 미용 효과를 빌어서 몸 전체를 아름답게 만들 수 있다.

지금까지 소개한 다양한 마스크들도 목욕을 즐기면서 사용하면 효과가 배로 증가한다.

입욕제나 헤어 컨디셔너 등도 손수 만들어 보고 특별히 마음에 드는 레시피들은 꼭 한번 사용해 보자.

절세미인이 된 기분을 맛보시겠습니까?

클레오파트라 목욕

Powdered milk Oats Cornstarch Almondmeal Vitamin E

재료

★ 우유분말 30g   ★ 오트밀 5g
★ 콘스타치 5g   ★ 아몬드분말 5g
★ 비타민 E 400IU 소프트 젤 2개

절세미인 클레오파트라가 아름다움을 유지하기 위해 우유로 목욕을 했다는 이야기는 유명하다. 우유분말을 사용하여 만들면 간편하고 한 번에 많은 양을 만들어 보관해 놓을 수도 있다. 실제로 사용해 보면 몸 전체가 촉촉하고 윤기가 난다.

① 비타민 E 소프트 젤 이외의 재료를 전부 섞는다.

② 비타민 E 소프트 젤 끝을 잘라서 알맹이를 넣는다.

③ 잘 섞어준다.

사용 방법

사용 전에 필요한 양만을 용기에서 꺼낸 후, 거즈에 싸서 욕조의 따뜻한 물에 띄우거나 수도꼭지에 묶어 놓고 따뜻한 물을 받는다.

푹 잠들고 싶을 때는

우유·카모마일 목욕

Powdered milk Chamomile

재료

★ 우유분말 1/2컵 ★ 따뜻한 물 1컵
★ 카모마일 티백 4개

어깨 결림이나 근육통을 풀고, 피부도 촉촉하고 윤기 있게 해주는 목욕 레시피. 우유와 카모마일의 조합으로 피곤해진 신경을 편안하게 해주고, 목욕을 마친 후에는 깊은 잠을 잘 수 있다. 안 좋은 일이 있거나 머리가 복잡할 때, 잠이 푹 들고 싶을 때 권한다.

① 따뜻한 물 한 컵에 카모마일 티백을 넣고 잠시 동안 놓아 둔 후 티백을 꺼낸다.

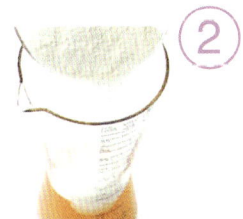

② 우유분말을 넣는다.

③ 잘 섞어준다.

사용 방법
욕조의 따뜻한 물에 넣는다.

푸석푸석해진 머릿결을 윤기 있게

에그 컨디셔너
Egg Olive oil Yogurt

달걀의 풍부한 영양분과 요구르트, 올리브 오일의 조합으로 푸석푸석해진 머릿결을 윤기 있게 만들어주는 컨디셔너! 체온 정도의 미지근한 물로 흘러내리게 한다. 뜨거운 물을 넣으면 달걀이 굳어버리므로 주의한다.

재료

★ 달걀 1개 ★ 올리브 오일 1작은술
★ 플레인 요구르트 적정량
  (머리카락 길이에 따라 조절)

달걀을 가볍게 휘저어 거품을 낸다.

플레인 요구르트를 넣고 잘 저어준다.

올리브 오일을 넣고 다시 잘 저어준다.

사용 방법

일반적인 컨디셔너와 같이 머릿결을 잘 마사지 해준 뒤 수분간 놓아두었다가 씻어낸다.

초간단! 머리카락이 건강해지고 빛이 나는

마요네즈 컨디셔너

Mayonnaise Yogurt

"머리에 마요네즈?" 라고 놀라지 마시길! 이것은 믿을 수 없을 만큼 뛰어난 효과가 있다.
마요네즈의 원료는 달걀과 산 그리고 기름. 이렇게 멋진 조합으로 이루어진 재료를 그냥 놔둘 수는 없다!
머리카락을 말리고 나면 풍성해지고 빛이 나는 머릿결에 깜짝 놀라게 될 것이다.

재료

★ 마요네즈 적정량
   (머리카락 길이에 따라)
★ 플레인 요구르트 1큰술 정도

① 마요네즈에 플레인 요구르트를 더한다.

② 잘 섞어준다.

사용 방법

샴푸를 한 후 머리 전체를 골고루 마사지
하면서 수 분 후에 씻어낸다. 많이 사용
하면 뻣뻣해지므로 현재 사용하고 있는
컨디셔너와 함께 주 2회 정도 사용한다.

피부 마사지를 하고 남은 양으로 머릿결 손질을!

아보카도 헤어 트리트먼트
Avocado Yogurt

재료

★ 아보카도 적정량
★ 플레인 요구르트 1큰술

피부에 바르면 촉촉함과 윤기를 주는 아보카도를 트리트먼트로 사용!!
아보카도 마스크에 사용하고 남은 것을 사용하면 머릿결도 촉촉하고 매끈매끈 해진다. 그래도 남은 분량이 있다면 맛있게 먹자.

①

껍질을 벗기고 작게 자른 아보카도를 포크 뒷면으로 페이스트 상태가 되도록 으깬다.

②

플레인 요구르트를 넣는다.

③

잘 섞어준다.

사용 방법

손상된 머리카락에 잘 발라주어 스며들게 한다. 몇 분 동안 그대로 놓아둔 후에 씻어낸다. 너무 많이 바르면 머리카락이 들러붙어서 잘 마르지 않으므로 주의한다.

90

염색 후 손상된 머릿결을 회복시켜 주는

카모마일 · 사과식초 린스

Chamomile Apple vinegar

염색한 후의 머릿결을 회복시키고 색을 더욱 밝게 해주는 린스를 소개한다.
계속해서 사용하면 점점 자연스럽게 발색된다. 또한 탈색으로 손상된 머릿결을
부드럽게 보호해주는 데에도 효과적이다. 뻣뻣함 없이 찰랑거리는 머릿결로 만들어보자.

재료

★ 카모마일 티백 4~5개
★ 사과식초 1큰술
★ 뜨거운 물 1/2컵

① 뜨거운 물에 카모마일 티백을 잠시
동안 놓아두어 진한 카모마일 티를
만든다.

② 사과식초를 넣어 잘 섞어준다.

사용 방법

머릿결에 잘 바르고 몇 분 동안 그대로
놓아 둔 후에 따뜻한 물로 씻어낸다.

딸기의 새콤달콤한 맛이 입안 가득히 퍼지는

딸기 · 베이킹 소다 치약
Strawberry baking soda

재료

★ 딸기 1~2개
★ 베이킹 소다 1작은술

딸기는 잇몸을 건강하게 해주고 베이킹 소다는 치아의 노폐물을 덜어주어 하얗게 만들어준다. 또한 딸기 대신에 소금을 사용할 수도 있다. 베이킹 소다 맛이 싫다면 현재 사용하고 있는 치약에 조금 섞어서 사용하는 것도 좋다.

① 스푼의 뒷면으로 딸기를 으깬다.

② 이 정도의 페이스트 상태로 만든다.

③ 베이킹 소다를 넣는다.

④ 잘 섞어준다.

사용 방법

용기에 넣어서 일반적인 치약과 동일하게 사용한다.

과일이나 채소 등의 천연재료를
피부미용에 이용해 온 선인들의 지혜가
놀랍다는 생각이 든다.
옛 선인들의 지혜를 오늘의 지혜에 접목시켜
보다 사용하기 쉽고 효과적인 것으로
만들어 내는 것이 이치에 맞는 것 같다.
말도 안 되는 옛 것이라고 생각했던 것들이
사실은 새로운 것들에 녹아있는 것은 아닐까?

저희들도 직접 만드는 스킨케어를 계속 애용하고 있답니다
이런 도구가 있으면 편리하다
기억해 두면 도움이 되는 초간단 SOS 피부관리
피부과 의사에게 물어보았다

Part 5

집에서 하는
스킨케어를 더욱 즐겁게!

집에서 하는
스킨케어를 더욱
즐겁게

직접 한번 만들어 사용해 보면 그 간편함과 뛰어난 효과에 놀라게 된다.

'피부고민', '소망하는 피부'에 맞춰 다양한 레시피에 도전하기 전에 잠깐 이 장을 한번 읽어보기 바란다.

손수 만들어 보신 분들의 체험담이나 재료가 되는 요구르트 · 과일 · 채소의 효능 등

손수 만드는 스킨케어를 훨씬 즐겁게 해주는 정보를 모았다.

저희들도 직접 만드는 스킨케어를 계속 애용하고 있답니다!

번들거리는 지성피부 고민 해결!
등 뒤나 가슴에 생기는 여드름에는 파인애플로 필링을!

심한 지성피부라서 초봄부터 여름이 지날 때까지 화장이 너무 잘 지워졌어요. 그런데 '달걀흰자 · 레몬 마스크'를 사용한 다음에는 얼굴이 산뜻해졌어요. 얼굴 전체에 탄력이 생겨 조여지는 것 같고, 여름에 화장이 지워지는 것을 막아줘서 자주 하고 있습니다. 그 다음으로 '헤이즐 워터 · 사과식초 토너'를 사용하면 피부가 훨씬 산뜻해지고 피지의 분비를 억제할 수 있습니다. 화장솜에 묻혀 잠시 동안 얼굴에 놓아두면 효과적이에요. 저같이 지성피부인 분들에게 추천하는 스킨케어들입니다. 얼굴뿐만 아니라 등 뒤나 가슴 등에 생기는 여드름도 고민이었는데 '파인애플 필링 마스크'는 획기적이었어요. 주 1회 정도 하면서 여드름이 없어졌습니다. 등 뒤의 거칠했던 각질도 사라져 정말 대만족입니다! 그래서 올해는 비키니 수영복에 도전해볼까 생각 중입니다.

시노자키 요코 25세

민감한 피부도 안심!
피부염증을 진정시키는 레시피에 도전할 수 있었습니다.

저는 피부가 너무 민감해서 시중에 나오는 화장품을 사용하면 빨갛게 변하거나 알레르기가 생기곤 했습니다. 그래서 예전부터 첨가물이 없고 재료를 확실히 알 수 있는 손수 만드는 스킨케어에 많은 관심을 가지고 있었죠. 피부의 염증을 빨리 없애준다는 '양배추 · 레몬 · 올리브 오일 · 오트밀 마스크'나 '메론 로션'을 사용해 보았습니다. 두 가지 모두 자극이 없고, 촉촉하고 윤기가 있으면서도 산뜻한 느낌이 마음에 들었어요. 특히 메론 로션은 향기도 매우 좋았죠. 요즘에는 피부 보습력도 좋아지고 젊었을 때의 피부탄력이 다시 생긴 것 같은 느낌이 들어 매우 기뻐하고 있답니다. 이처럼 간단하게 효과를 확실하게 볼 수 있다니 정말 대단한 것 같아요. 자연의 힘에 압도되었다고 할까요.

야마다 쿠미코 41세

생각지도 못했습니다! 악건성인 저를 구해준 밀크 클렌징

저는 심한 건성피부로 고민해 왔습니다. 아직 20대인데도 세수를 한 다음에는 반드시 중년 아줌마들이나 사용할 만한 오일이나 영양크림으로 관리해주지 않으면 메마르고 거칠어질 정도였으니까요. 그런데 매일아침 비누세안 대신에 '밀크 클렌징' 을 사용한 뒤로는 아침세안 후에도 얼굴이 당기거나 건조해지는 일이 없어져 제 스스로가 놀랄 정도였어요. 처음에는 '우유로 닦아 내는 정도로 노폐물이 제거되겠어?' 라는 생각에 반신반의했는데, 밀크 클렌징을 해준 후에 '플레인 요구르트 마사지' 를 하니 피부가 매끌매끌해졌습니다. 저처럼 악건성이신 분들은 아침저녁으로 비누세안을 하는 것이 좋지 않았던 것 같습니다. 그리고 '달걀흰자 · 벌꿀 · 요구르트 마스크' 도 자주 애용하고 있습니다. 만드는 것도 매우 간단하고 자극도 전혀 없으며, 사용 후에는 피부가 촉촉하고 수분을 머금은 듯 부드러운 느낌이 마음에 들었어요. 여름에는 쿨링 효과와 보습 효과를 동시에 볼 수 있는 메론 로션도 반드시 도전해 보려고 생각하고 있답니다.

이케다 케이코　26세

만들기가 너무 간단한 클렌징 2종류가 마음에 들어요. 그 날의 피부 상태에 맞게 사용하고 있습니다.

반신반의하면서 시험 삼아 만들어본 스킨케어였는데 '맥아(소맥배아) 클렌징' 과 '아몬드 클렌징' 은 제 마음에 아주 쏙 들었습니다. 맥아 클렌징을 사용한 후에 매끈하면서 산뜻하고 잠시 후 촉촉해지는 느낌이 기분을 좋게 해주더군요. 특히 피부가 번들거리는 날에는 좀 더 산뜻한 느낌을 위해 아몬드 클렌징을 사용하고 있습니다. 두 가지 모두 노폐물이 잘 지워지고 피부가 전혀 당기는 느낌이 없어 사용 후에 화장도 매우 잘 받아요. 그리고 무엇보다도 자연의 것을 그대로 이용할 수 있다는 것이 좋은 것 같습니다. 또한 복합성 피부라서 T존은 번들거리기 쉬운 만큼 '벌꿀 · 레몬 · 베이킹 소다 마스크' 를 자주 사용하고 있습니다. 피부에 부담 없고, 여분의 피지와 노폐물을 제거해주며, 모공노 꼭 조여주는 느낌에 매우 감동했습니다. 정말 말 그대로 모공 클렌저 역할을 톡톡히 하는 것 같아요.

나카가미 나나　25세

나이가 그대로 드러나는 목이나 등 뒷부분, 가슴 윗부분 관리에도 아끼지 않고 충분히 사용할 수 있습니다.

원래 피부 하나는 건강하다고 자부했고 40대에 들어서도 노화로 인한 트러블은 신경도 안썼어요. 하지만 역시 나이는 어쩔 수 없는지 얼굴은 그렇다 치더라도 목 주름이 신경 쓰이기 시작했습니다. 그럴 때마다 '파슬리 · 벌꿀 · 요구르트 · 비타민 E 마스크'를 얼굴뿐만 아니라 목까지 사용하기 시작했어요. 기대는 별로 안 했지만 어느 날 가만히 거울을 보니 전보다 목의 칙칙한 부분들이 없어지고 주름도 눈에 띄지 않게 됐더라구요. 그때부터는 계속해서 사용하고 있습니다. 얼굴은 물론 피부색도 밝아지고 지금은 파운데이션도 예전보다 한 톤 밝은 색을 사용하게 되었어요. 또한 평상시에는 좀처럼 돌보지 않던 등 부분이나 가슴 윗부분도 요구르트를 사용해서 마사지하면 전체적으로 잡티가 없어지고 매우 깨끗해지는 것 같습니다. 지금은 목욕할 때마다 빠뜨리지 않고 관리하게 되었답니다.

오코우치 나오코 41세

홈 에스테틱 코스와 마요네즈 컨디셔너는 자신있게 권해드립니다.

저는 항상 '오트밀 · 우유 · 벌꿀 클렌징'을 한 후 요구르트로 마사지하고, 다음에는 사과식초로 마무리합니다. 전에는 시중에 판매되는 클렌징이나 세안제를 사용하면서 피부가 늘 건조했는데 어느새 부드러운 감촉으로 바뀌어져 감동했습니다. '피부가 이렇게 좋아만 진다면야…….'라는 생각에 요구르트도 사과식초도 지금은 얼굴뿐만 아니라 몸 전체에 사용하게 되었는데, 그 덕분인지 피부가 촉촉하고 윤기가 납니다. 또한 머리카락도 너무 윤기가 없어서 '마요네즈 컨디셔너'도 이따금 사용하고 있습니다. 생각보다 마요네즈 냄새는 그다지 신경 쓰이지 않더군요. 생각날 때 가벼운 마음으로 사용할 수 있는 것이 매력인 것 같습니다. 친구들에게도 가르쳐 주었더니 모두들 머리가 빠지는 것도 줄어들었고 머릿결에 윤기가 난다고 합니다. 앞으로 머리가 잘 빠져서 고민하는 남편에게도 가르쳐주려고 합니다.

쯔치야 마유미 35세

요구르트와 남은 과일들을 조금씩 이용하기만 해도 미백 효과를 바로 보게 됩니다.

원래 요구르트에 과일을 섞어서 먹는 것을 좋아했었는데 '요구르트·과일·채소로 하는 스킨케어'는 정말 나를 위한 스킨케어라는 생각이 들었어요. 곧바로 여러 가지 마스크와 클렌징, 로션을 만들어 보았는데 그 중에서도 완전히 푹 빠져 습관이 되어 버린 것은 '딸기·요구르트·벌꿀 마스크'였습니다. 먹어도 정말 좋은 레시피인데 얼굴에 발라보니 피부가 매끄러워져서 매우 만족하며 자주 사용하고 있답니다. 요구르트는 대부분의 과일들과 궁합이 잘 맞아 요즘에는 먹고 남은 것을 조금씩 과일들과 섞어서 손이나 목에 바르는 것이 일과가 되었어요. 정말 잡티 제거와 미백 효과에는 최고입니다. 먹어서 몸 속부터 좋게 만들어주고, 발라서 피부도 좋게 하니 스킨케어에 도움을 주는 요구르트나 과일이 정말로 대단하다는 생각이 들어요.

하시즈메 에리코 36세

아보카도나 달걀노른자, 우유, 오트밀은 피부에 잘 맞는 재료. 보습 마사지로 최고입니다.

요즘 들어 나이 때문인지 피부가 젊었을 때보다 민감해진 것 같습니다. 시중에 팔고 있는 마스크나 클렌징을 사용하면 자극이 조금 강한 것 같아서 민감 피부용 스킨케어로 바꿔야하나 생각하고 있었습니다. 이 무렵 알게 된 것이 천연재료를 이용한 손수 만드는 마스크나 클렌징이었어요. 피부 상태에 따라 여러 가지를 사용해봤는데, 특히 마음에 들었던 것은 '아보카도 마스크'와 '달걀노른자 마스크'였습니다. 둘 다 사용 후의 피부감촉이 좋고 화장도 잘 받게 되어 확실히 피부가 달라진 것을 느낀답니다. 자극이 없고 촉촉하며 부드러워 지더라구요. 클렌징은 밤에 '오트밀·우유·벌꿀 클렌징'을 하고 아침에는 '우유 클렌징'을 하고 있습니다. 둘 다 피부에 부담을 주지 않고 피부가 조금 지쳐있을 때에도 안심하고 사용할 수 있어 좋습니다. 역시 나이 탓인지 클렌징 등은 자극이 석은 것을 사용해야 한다고 실감하고 있죠.

아유카와 나오미 38세

이런 도구가 있으면 편리하다

과일이나 채소를 갈아서 페이스트 상태로 만들고, 요구르트나 오트밀, 벌꿀과의 믹스. 이 책에서 소개하고 있는 대부분의 스킨케어 화장품은 이 순서대로 간단히 만들 수 있다. 주방에 있는 편리한 도구를 이용하면 걸리는 시간과 수고도 줄일 수 있다. 만들기 전에 필요한 재료와 도구를 준비해서 시작해보자.

푸드 프로세서
과일이나 채소, 오트밀 등을 단시간에 곱게 만들어주므로 편리하다.

믹서
푸드 프로세서와 같다. 단시간에 과일이나 채소를 페이스트 상태로 만들 수 있다.

계량 컵 & 스푼
200cc 계량컵, 15cc와 5cc 계량스푼을 준비하면 좋다.

레몬 과즙기
절반으로 자른 레몬의 즙을 만들어 준다.

분쇄기
스위치를 켜면 예리한 칼이 회전하면서 오트밀 등을 한 순간에 가루로 만든다.

절구와 공이
과일이나 채소를 으깨거나 섞을 때 사용한다.

스퀴저
절반으로 가른 오렌지나 잘라놓은 과일들의 과즙을 간편하게 만들어 낼 수 있다.

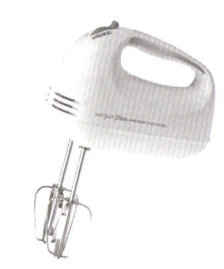

핸드 블랜더
달걀흰자를 단시간에 확실하게 거품을 내는 데 매우 편리하다.

거품기
핸드 블랜더가 없는 경우에는 이것을 사용하여 거품을 만든다.

강판
오이나 당근 등을 가는데 편리하다.

저울
제과용 저울이 있으면 매우 적은 양까지도 정확하게 측정할 수 있다.

이럴 때는 이렇게! 기억해 두면
도움이 되는 초간단 SOS 피부관리

SOS 1
피부가 너무 건조해요!

비타민 E 소프트 젤의 끝 부분을 가위로 자르고 내용물을 짜내어 그대로 얼굴에 바른다.
더 이상 아무 것도 바르지 않더라도 다음날 아침에는 촉촉해져 있는 것을 느끼게 된다.

SOS 2
오늘은 피부가 유난히 번들거리는 느낌이에요!

물에 이스트균을 조금 넣고, 페이스트 상태로 만든 것을 얼굴에 바르고 마를 때까지 그대
로 놓아둔다. 그 후에 씻어내면 얼굴의 번들번들한 것도 진정되고 모공도 조여지게 된다.

SOS 3
여드름이 여기저기 생겼어요!

마늘 4조각을 강판에 간 후에 눈 주위를 제외한 얼굴 부위에 바른다. 약 15분간 그대로
놓아둔 후에 씻어낸다. 마늘이 갖고 있는 항생물질과 같은 성질이 염증을 치료해준다.

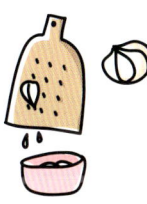

SOS 4
피부가 거칠어지고 까칠까칠해요!

아스피린 알약 여러 개를 곱게 부순다. 2작은술 정도의 물에 넣어 녹이고 페이스트 상태
로 만든 후 얼굴에 바른다. 그대로 하룻밤 놓아두었다가 아침에 세수를 한다. 아스피린에
는 살리실산이 있기 때문에 거친 피부에 잘 맞는다.

SOS 5
여드름이 빨갛게 부풀어올라서 아파요!

충혈을 없애주는 안약을 부풀어 오른 여드름에 바른다. 충혈용 안약은 눈의 염증뿐만 아
니라 피부의 염증을 진정시키는데도 좋다. 코를 너무 많이 풀어서 빨갛게 된 코에도 효과
가 있다.

SOS 6
눈 아래가 부어오르거나 다크 서클이 생겼어요!

감자는 양배추나 오이와 마찬가지로 항염작용을 한다. 강판으로 생감자를 얇게 썰어 거즈
로 싸서 눈 주변의 신경이 쓰이는 부분에 놓아둔다. 10~15분 정도 그대로 놓아둔 후에
씻어내면 효과가 있다.

피부과 의사에게 물어보았다

우유의 피부미용 효과를 알고 있었던 클레오파트라

최근 집에서 손수 만드는 요구르트의 건강 효과와 미용 효과가 폭넓게 주목받고 있다. 절세미인이었던 클레오파트라가 우유목욕을 애용했다는 에피소드에서도 알 수 있듯이 요구르트에 들어있는 유산은 아름다운 피부를 만들어주는 성분으로서 오래 전부터 이용되어 왔다. 피부에 바르는 경우에는 피부 표면의 오래된 각질을 제거하고 피부재생을 촉진시키는 효과가 있다. 따라서 피부가 매끈매끈하고 부드러워지거나 잡티가 없어져 미백 효과도 느낄 수 있는 것은 이 때문이다. 또한 피부조직의 콜라겐을 두껍게 해주는 기능도 있기 때문에 탄력 있고 주름이 적은 피부를 만드는 효과도 있다. 요구르트에는 이 외에도 비타민 A, B, 단백질 등이 풍부하게 들어있다. 비타민 A는 유산과 같은 작용 외에 항산화작용도 하므로 노화예방에도 효과적이다. 비타민 B는 지질의 대사를 조절해주는 역할을 하므로 여드름 피부나 지루성 습진 등으로 고민하고 있는 분에게도 효과적이다. 또한 단백질에 들어있는 아미노산은 피부의 보습 작용을 한다.

과일에 들어있는 AHA(알파히드록시산)와 비타민 C에 주목

자연 그대로의 것을 재료로 한 화장품들이 화제가 되고 있으며 과일성분 또한 주목받고 있다. 과일산에는 AHA라고 하는 성분이 포함되어 있어 피부미용 효과가 있는 것으로 알려져 있다. AHA는 사과에 들어있는 사과산, 감귤류의 과일에 들어있는 쿠엔산, 사탕수수나 포도에 들어 있는 글리콜산 등에 들어있으며, 요구르트 등의 유산에도 포함되어 있다. AHA에는 피부의 오래

카와시마 치아끼(川嶋千朗) 피부과의사. 아자부(麻布) 피부과클리닉 원장. 도쿄의과대학 졸업 후 도쿄도내와 간사이 지방 등의 피부과 클리닉에서 풍부한 경험을 쌓았다. 일본피부과 학회 · 일본미용피부과 학회 회원.

된 각질을 벗겨주고, 피부의 재생을 촉진시키며, 과잉된 멜라닌을 배출시키는 등 미백 효과가 있다. 진피 속의 콜라겐을 두껍게 하는 작용도 있기 때문에 보다 하얗고 촉촉하며 주름이 적은 피부를 만드는 데에 효과적이다. 또한 과일이라고 하면 누구나 떠올리는 것이 비타민 C가 아닐까? 비타민 C에는 미백, 항산화 작용, 진피 내 콜라겐의 생성촉진작용, 지질산화방지작용, 피지 억제작용 등이 있어, 정말로 '아름다운 피부를 위한 비타민' 인 것이다. 하얗고 젊은 피부를 위해서는 빠뜨릴 수 없는 성분이다.

아름다운 피부를 원한다면 평상시 생활습관이 중요하다.

여성은 누구는지 나이가 들면서 여성호르몬이 감소하게 된다. 그 결과 피부에도 다양한 노화현상이 생기게 되는데, 그래서 요즘 주목하고 있는 성분이 이소플라본이라는 것이다. 이소플라본은 유사여성호르몬이라고 할 수 있는 정도의 작용을 하며 대두(大豆)에 들어있는 성분이다. 다양한 피부미용 효과를 가지고 있는 요구르트나 과일, 채소 등을 사용해서 스킨케어를 할 때 피부가 특별히 민감한 사람이 아니더라도 충분한 주의를 필요로 한다. 과일이나 채소에 들어있는 성분 중에는 사람에 따라서 1차 자극반응이나 알레르기반응이 일어날 수 있다. 사용 중에 피부가 빨갛게 되거나, 가렵거나, 따끔거리는 자극증상이 오면 바로 사용을 중지해야 한다. 이 때는 바로 물로 씻어내고 신속히 의사에게 상담을 받는다. 한편 스킨케어라고 하는 것은 화장품만으로는 부족하다. 햇볕을 피하고 건조하지 않도록 주의해야 하며 균형잡힌 식사를 해야 한다. 또한 수면을 충분히 취하고 스트레스를 받지 않도록 하는 등 평상시 생활습관도 잘 관리해야 한다.

번역 **신정현**

서강대학교 정치외교학과를 졸업하고 (주)웅진코웨이개발 기획실 일본대외 마케팅 담당을 거쳐 번역회사 (주)레모에서 일본어 번역업무를 하였다. 현재는 일본어 번역프리랜서로 활동중이다.

천연재료로 손쉽게 하는
나만의 스킨케어

1판 1쇄 | 2005년 1월 31일
1판 2쇄 | 2006년 2월 10일
저 자 | 사토우 마미
역 자 | 신 정 현
발행인 | 김 인 태
발행처 | 삼호미디어
등 록 | 1993년 10월 12일 제21-494호
주 소 | 서울특별시 서초구 반포1동 718-8 ☏ 137-809
          www.samhomedia.com
전 화 | (02)544-9456(영업국) / (02)544-9457(편집기획부)
팩 스 | (02)512-3593(영업국) / (02)512-3501(편집기획부)
정 가 | 10,000원

ISBN 89-7849-301-7 13590